THÊMES
SUR LA PHYSIQUE,

OU

Cours de Physique

amusant et instructif.

THÊMES
SUR LA PHYSIQUE,

OU

Cours de Physique

amusant et instructif;

RENFERMANT l'explication des phénomènes les plus curieux de la nature, tels que ceux du vent, des nuages, de la rosée, des brouillards, du givre, de la gelée, de la pluie, de la neige, de la grêle, du tonnerre, des échos, etc., et beaucoup d'expériences faciles sur l'eau, l'air, le feu, la lumière, l'électricité et le magnétisme; extrait des écrits les plus estimés sur cette matière:

Ouvrage réellement élémentaire et à la portée de tout le monde.

PAR G.-F. OLIVIER, *Bachelier-ès-sciences,*

PROFESSEUR D'HUMANITÉS ET DE MATHÉMATIQUES.

SECONDE ÉDITION. — PRIX : 2 fr.

PARIS.

MAIRE-NYON, LIBRAIRE, QUAI DE CONTI, N° 13.

Novembre. — 1825.

La véritable édition porte au dos du
frontispice la signature de l'auteur.

AVERTISSEMENT.

FAIRE connaître aux gens du monde et principalement aux jeunes élèves de nos colléges les principaux phénomènes de la nature ; appeler leurs contemplations et leurs réflexions sur les merveilles qui frappent *continuellement* leurs yeux et auxquelles ils font si peu d'attention, parce qu'ils ont contracté l'habitude de les voir ; les mettre en état de construire par leurs mains, et à peu de frais, la plus grande partie *des instruments* nécessaires à leurs observations, de faire eux-mêmes beaucoup d'expériences *utiles et instructives*, sans le secours de ces appareils dispendieux qu'on voit briller dans les cabinets de physique ; éveiller leur attention sur les diverses applications qu'on peut faire des sciences physiques aux arts et aux différents usages de la vie : tel est le but que je me suis proposé dans cet ouvrage.

Il est constant que beaucoup de jeunes gens ne poussent point leurs études
jusqu'aux deux années de philosophie,
pendant lesquelles seulement les élèves
reçoivent des leçons de physique; il n'est
pas moins constant qu'un grand nombre d'entre eux, après avoir rempli plei-
nement leurs devoirs de classe, sont
encore par *leurs* talents et leur bonne
volonté très-capables de *se* livrer à des
études ultérieures, et je ne pense pas
qu'il y ait d'étude qui puisse occuper plus
utilement ces moments de loisir que celle
de la physique. En effet, cette science
est aujourd'hui à un tel degré d'estime,
qu'il est devenu honteux pour toute personne bien élevée de n'en pas avoir du
moins quelques notions : d'ailleurs il y a
peu de conversations entre des personnes même médiocrement instruites, où
il ne se trouve des occasions de faire de
cette science des applications très-heu-
reuses. La connaissance des phénomènes
de la nature peut même contribuer puis-
samment à la conservation et à l'augmen-

tation des produits de la terre, source de nos richesses. Par exemple, c'est dans la physique que l'on trouve la cause des ravages que fait dans nos vignobles ce que l'on appelle vulgairement les gelées de mai (voyez le n° 116), et par conséquent les moyens faciles de les prévenir. C'est par la physique que l'on a découvert le procédé que l'on emploie *déjà* depuis *long-tems pour* préserver nos édifices et nous préserver nous-mêmes de la foudre. C'est dans la physique que l'on a trouvé plus récemment le moyen (voyez le n° 206) de garantir de la grêle nos moissons, nos vignes et nos vergers. Et qui sait si quelque jour de nouvelles découvertes dans *l'électricité* ne viendront pas nous dévoiler des mystères qui nous sont restés jusqu'alors inconnus, je veux dire les phénomènes les plus cachés de la vitalité? Déjà plusieurs savants ont fait des expériences qui tendent à confirmer la probabilité de cette idée; d'autres peut-être acheveront l'ouvrage que les pre-

miers ont commencé. Enfin les connais-
sances de la physique ne sont pas seulement agréables, elles sont encore utiles,
et l'on peut même dire d'une utilité générale. C'est d'après ces considérations
que j'ai pris la résolution de mettre entre
les mains des jeunes gens un exposé
simple et amusant de tout ce qu'il y a de
plus usuel, de plus important et de plus
facile à retenir dans cette science.

Quant au plan, il m'a été suggéré par
les derniers réglements de l'Université
(statut du 5 septembre 1821), lesquels
prescrivent à MM. les Professeurs, art.
169 et 174, de donner des thêmes sur les
éléments des sciences naturelles. Pénétré
de la sagesse de cette disposition, je me
suis efforcé à la fois et de répondre aux
vues de l'Université, en mettant ces matières à la portée des jeunes esprits, et
de me rendre utile à MM. les Professeurs,
en leur épargnant un grand nombre
de recherches pénibles et ennuyeuses.
Comme il ne m'appartient point de re-

hausser ici l'utilité de mon travail, je prie seulement le lecteur de jeter un coup-d'œil sur la table des matières ci-après; il se convaincra facilement de l'importance des sujets renfermés dans ces thêmes, qui sont au nombre de deux cent six.

. Cet ouvrage cependant n'est pas uniquement destiné à être traduit; il me semble qu'il serait *plus* avantageux encore *pour l'instruction des jeunes élèves de leur faire apprendre et réciter de mémoire chaque jour un ou deux de ces thêmes.* Ils apprennent en leçons dans leurs classes des éléments de géographie, d'histoire, etc.; pourquoi n'apprendraient-ils pas aussi des éléments de physique? *ne leur importe-t-il* pas encore plus de connaître les objets qui les environnent continuellement que ceux dont ils sont éloignés? Tous les jours ils sentent l'air et le respirent, tous les jours ils se servent de l'eau et du feu, tous les jours ils jouissent des bienfaits de la lu-

mière, souvent ils voient tomber la pluie,
la neige et la grêle, ils entendent gronder
le tonnerre; il est bien naturel qu'ils apprennent à connaître les causes de tous
ces phénomènes. D'ailleurs le second
moyen que je propose, n'exclut pas le
premier ; bien plus, ils peuvent être em-
ployés l'un et l'autre de concert. Ainsi
MM. les professeurs et chefs d'établisse-
ment, après avoir fait apprendre chaque
jour de mémoire un ou deux de ces
thêmes, pourront les faire traduire soit
par écrit, soit de vive voie. Dans tous
les cas, j'ose assurer que les jeunes gens
trouveront dans cet ouvrage un grand
intérêt et beaucoup d'attraits, parce que
la curiosité naturelle à cet âge les portera à faire en leur particulier les différentes expériences qui y sont décrites et
dont ils retireront autant de satisfaction
que de profit.

Nota. On trouve chez les mêmes Libraires la
traduction latine de ces thêmes, destinée à MM. les
Professeurs. Prix : 2 francs.

TABLE

DES MATIÈRES.

THÊMES

SUR LA PHYSIQUE.

1. LA PHYSIQUE est la science de la nature. Elle traite de tous les corps de la nature ou de la matière *inerte*; car si quelquefois les physiciens considèrent les corps organisés, ils ne considèrent en eux que la matière, abstraction faite de la vie. Le but de la physique est donc de rechercher de quelles propriétés sont doués les corps, comment ils existent et se meuvent, à quelles lois ils sont *soumis*, quels différents phénomènes ou effets ils produisent, et par quelle cause ils sont produits.

On appelle CORPS tout ce qui existe de matériel dans l'univers, ou tout ce qui frappe nos sens.

On appelle PROPRIÉTÉS des corps quelques qualités uniformes et constantes qu'on y remarque (nous en ignorons beaucoup d'autres sans doute), et dont la cause nous est inconnue. Il y en a de deux espèces : les PROPRIÉTÉS GÉNÉRALES, qui sont l'*étendue* (extensio, onis), la *divisibilité* (divisibilitas, atis), la *figurabilité* (figurabilitas,

1

atis), l'*impénétrabilité* ou *solidité*, la *porosité*, etc.; et les PROPRIÉTÉS PARTICULIÈRES, qui sont la *malléabilité* (malleabilitas, atis), la *fluidilité*, la *liquidité*, etc.

2. Les corps nous apparaissent sous trois états, savoir : le *solide*, le *liquide* et le *fluide*.

On appelle CORPS SOLIDES ceux qui résistent au toucher de manière à pouvoir être saisis et pressés entre les doigts ou amassés en tas; tels sont les pierres, les arbres, le sable, la poussière, etc.

On appelle CORPS LIQUIDES ceux qui se font à peine sentir au toucher et qui ne peuvent être mis en monceau, comme l'eau, le vin et toutes les liqueurs.

On appelle CORPS FLUIDES ceux qu'on ne peut palper et qui ne manifestent leur présence que quand ils sont en mouvement; tel est l'air qui nous enveloppe de toutes parts; telles sont encore les vapeurs. Car c'est en vain que nous tenterions de palper l'air; cependant nous sentons sa présence, surtout quand nous sommes exposés à un grand vent.

3. Les fluides dont nous venons de parler s'appellent *aériformes* (acriformus, a, um) ou *gaz* (gazum). Presque tous ces fluides sont invisibles. On peut, jusqu'à un certain point, les renfermer

dans des vases, et les comprimer, lorsqu'on leur ferme toute issue; mais bientôt ils résistent à la pression avec une grande force.

On distingue une autre espèce de fluides qu'on appelle *incoërcibles* (incoercendus, a, um) ou *impondérables* (imponderandus, a, um), parce qu'on n'a pu encore parvenir à les renfermer, ni à les peser. Ils sont au nombre de quatre et ils ont été inventés (car leur existence est un peu douteuse, quoiqu'elle soit en quelque sorte prouvée par *les effets*) pour expliquer les phénomènes de la *chaleur*, de la *lumière*, de l'*électricité* (electricitas, atis) et du *magnétisme* (magnetismus, i).

4. La première propriété générale des corps est l'ÉTENDUE, *ce qui signifie l'espace occupé par les particules de matière dont nous croyons qu'un corps quelconque est composé.* Cette étendue est *évidente pour les sens ou pour l'esprit de quiconque considère ou conçoit un corps.* L'étendue a toujours une *longueur*, une *largeur* et une *épaisseur* ou *profondeur*. Quelque petit que soit un corps, aucune de ces trois dimensions ne lui manque; car il a toujours une partie antérieure et une postérieure, une partie droite et une gauche, une partie supérieure et une inférieure, et toutes ces parties réunies constituent nécessairement ces trois dimensions. A la

vérité on ne les aperçoit pas dans tous les corps, parce que quelques-uns, à cause de leur extrême ténuité, échappent à la vue et au toucher; mais comme elles existent dans tous ceux que nous sentons ou que nous voyons, nous pouvons avec raison assurer qu'elles existent dans tous les corps.

5. La seconde propriété des corps est la DIVISI-BILITÉ. Nous regardons tous les corps comme composés de plusieurs parties que l'on peut sé-parer les unes des autres. Cette divisibilité n'est pas douteuse à l'égard des corps qui ont un peu d'étendue, et l'expérience prouve que *les petits* peuvent aussi se diviser en une infinité de parties si petites qu'elles échappent à nos sens, en un mot, en poussière. Cependant si l'on regarde ces particules de poussière au microscope, on re-connaîtra évidemment qu'elles sont encore fort grosses et qu'elles pourraient être *divisées* en plusieurs parties, si l'on avait des instruments assez délicats. Si, par exemple, on divise un morceau de bois au point de le réduire en pous-sière, chaque particule de ce bois pourra encore être divisée; car chacune est du bois, et par con-séquent composée de parties d'eau, de feu, de terre, etc., qu'il est très-facile de diviser par la combustion, et dont les unes s'évanouissent sous la forme de flamme, les unes sous la forme de

fumée, et les autres restent sous la forme de
cendres, de sel, etc.

6. Délayez au fond d'un vase environ cinq cen-
tigrammes (centigramma, atis) de carmin, poussière que l'on tire de l'insecte, appelé coche-
nille, et ensuite versez dessus trois cent mille
fois plus d'eau, c'est-à-dire, quinze kilogrammes;
la couleur du carmin sera divisée de telle sorte
que toute l'eau sera teinte. Il faut au moins
admettre qu'il y a une *particule de carmin dans
chaque milligramme du mélange;* ainsi un seul
centigramme de carmin est partagé en trois millions de particules. Quelle prodigieuse divisibilité !

Une seule goutte d'encre mêlée avec de l'eau
présente à-peu-près le même phénomène de
divisibilité.

Si vous vous promenez dans un jardin em-
baumé de lis, de roses et d'autres fleurs, *partout
l'odeur des fleurs vient frapper votre odorat.* En
quel nombre et combien sont donc petites les
particules de l'odeur pour occuper tant d'espace, elles qui *en* occupaient auparavant un si
petit dans la fleur d'où elles sortent ?

7. Qu'est-ce qui trouble l'eau des fleuves lorsqu'il tombe dé grandes pluies, si ce ne sont les
très-petites particules de terre entraînées par

les eaux ? Pourquoi aussi les eaux minérales sont-elles telles, si ce n'est parce qu'elles contiennent des particules extrêmement fines de quelque métal ?

L'or s'étend sous le marteau au point qu'un grain (poids) de ce métal étant divisé, présente deux millions de parties visibles, et que, quand on l'emploie pour fabriquer les fils d'argent dont on ornait autrefois les *habits*, deux onces de ce même métal, et même moins, s'étendent sous la main du lamineur jusqu'à devenir un fil de quatre-vingt-dix lieues de *longueur*. En combien de parties ne pourrions-nous pas couper ce fil !

8. L'art du teinturier prouve une divisibilité de matière non moins étonnante. La plus petite partie d'indigo, ou d'une autre couleur, suffit pour teindre toute une pièce de drap. Qu'on suppose tous les fils de ce drap ajoutés les uns aux autres, *quelle longueur il en résultera !* Dans cette longueur, combien les ciseaux ne pourront-ils pas enlever de particules dont chacune présentera un cercle coloré, divisible en trois cent soixante parties, comme le cercle géométrique ! Combien de particules dans cette pièce de drap ! En combien de parties cette petite parcelle d'indigo est divisée ! L'imagination se refuse, pour ainsi dire, à de tels nombres.

9. Qui croirait qu'il existe des animaux encore plus petits que les particules dont nous venons de parler? Cependant Wolf (Wolfius), célèbre philosophe, a remarqué dans l'espace d'un seul grain de poussière cinq cents œufs d'où sont nés des animaux semblables à des poissons. Il a même remarqué dans ces petits animaux des organes et des membres comme dans les grands qui habitent l'Océan. Le même Wolf démontre qu'un seul grain de sable peut comprendre trois cent billions (billiones) d'animaux organisés, qui reproduisent leur *espèce,* qui ont des nerfs, des *veines dans lesquelles* circulent continuellement différentes liqueurs.

Enfin un autre philosophe plus ancien (*) vit au microscope des animaux vivants vingt-sept millions de fois plus petits qu'une mite, et, au travers de *leur peau transparente,* des viscères, des œufs, des figures de fœtus ou de petits, une espèce de sang qui circulait, etc.

10. D'ailleurs exposez à l'air libre quelques décoctions de plantes; vous verrez bientôt, à l'aide du microscope, une infinité de petits animaux qui se meuvent avec une extrême vitesse, et en si grand nombre que, selon le calcul savant d'un philosophe, l'espace d'un centimètre cube pour-

---

(*) M. de Malezieu, Histoire de l'Acad. 1718, page 19.

rait en contenir cinquante trillions (trillio, onis),
et la pointe d'une aiguille plusieurs milliers. Que
dira-t-on de l'infinie petitesse des organes de ces
animaux?

Ainsi il nous importe peu de savoir si la divisibilité de la matière est infinie, ou non. Mais ce
que nous savons certainement, c'est que nous
ne connaissons aucun terme de divisibilité, puisqu'un corps, quelque *petit qu'il* soit, peut être
conçu encore plus petit, lorsqu'on ne peut plus
le diviser avec les instruments.

11. Tous les corps ont une forme ou *figure*
qui leur est propre, c'est ce qu'on appelle FIGU-
RABILITÉ (figurabilitas). On ne la conçoit pas
moins à l'égard des petits corps qu'à l'égard
des grands, puisqu'à l'aide d'un miscroscope on
prouve que chacune des feuilles d'un arbre,
chacun des grains de sable de la mer a sa forme
propre, et qu'il y a toujours quelque différence
entre *deux feuilles* ou *entre deux grains* de
sable.

On appelle IMPÉNÉTRABILITÉ (impenetrabilitas)
ou SOLIDITÉ, la propriété au moyen de laquelle
les corps excluent tous les autres de la place
qu'ils occupent, ou cette portion de matière qui
constitue les corps. Cette solidité est assez
prouvée par la résistance que présentent au toucher tous les corps, tels qu'un caillou, un *livre*,

un arbre, etc. L'air même est un corps, et par conséquent impénétrable; c'est ce que vous reconnaîtrez manifestement, si, renversant un verre, vous le faites ainsi descendre dans un vase presque rempli d'eau. La superficie de l'eau opposée à l'ouverture du verre cédera sous le verre à mesure qu'il descendra, ce que vous apercevrez plus clairement, si vous mettez flotter sur la surface de l'eau un peu de liége. Qu'est-ce donc qui résiste à l'eau, si ce n'est l'air, puisqu'en lui donnant la plus petite issue, vous verrez tout à coup l'eau *se précipiter dans le verre et le remplir?*

12. Adaptez à un cylindre, par exemple, à un canon de fusil ouvert par en haut et entièrement fermé par en bas, un piston bien juste qui intercepte l'air extérieur; vous pourrez enfoncer le piston jusqu'à un certain point, mais, quelque force que vous employiez, vous ne pourrez jamais le faire toucher au fond du cylindre, et *il y aura toujours une lame d'air entre ce fond et le piston.*

C'est ce même air qui empêche quelquefois de remplir une bouteille de liqueur, si, en versant la liqueur dans la bouteille on ne laisse à l'air aucune issue pour en sortir, par exemple, quand le canal de l'entonnoir ferme trop exactement le goulot de la bouteille.

.1

Cependant quelques corps paraissent pénétrables, comme le sucre, certaines pierres, les éponges; mais cette pénétrabilité n'est qu'apparente et pas du tout réelle, car toutes les parties du sucre, de la pierre, de l'éponge subsistent toujours, et l'eau n'occupe que les vides du corps.

13. Nous avons dit dernièrement que les parties solides des corps étaient séparées par beaucoup de petits espaces vides; ces espaces s'appellent *pores,* et c'est de là que vient le mot porosité. Tels sont les trous que l'on voit dans une éponge, tels sont ceux que l'on aperçoit au microscope dans une lame de sapin ou dans la peau humaine. Nous ne pensons pas pourtant que ces petits trous soient entièrement vides, puisque les plus grands et surtout ceux qui sont à la surface sont remplis d'air, et que d'autres plus petits contiennent au moins du calorique; car quand nous disons des corps vides, nous entendons qu'ils contiennent des choses étrangères à leur véritable matière. Tous les corps ont des pores, les uns plus petits, les autres plus grands, quelques-uns en petit nombre et d'autres beaucoup, et cette porosité se mesure par le plus ou le moins de poids, à volume égal. Ainsi le liége est évidemment plus poreux que le chêne, et le fer plus que l'or.

14. On prouve par plusieurs expériences la porosité des corps. Plongez un morceau de sucre dans l'eau ; il se couvre de petites bulles d'air qui bientôt s'élèvent à la surface. Ces bullés ne pouvaient être contenues ailleurs que dans les pores du sucre. On augmente le volume du bois en le mouillant, et la sécheresse le fait déjeter, parce que, l'eau contenue dans les pores s'évaporant, les fibres qui auparavant étaient séparées par l'humidité se rapprochent et se resserrent. Ainsi une porte ou une fenêtre, qui dans un tems sec joint exactement et se ferme avec facilité, dans *un tems humide* se renfle et ne rentre que difficilement en sa place. Si un tonneau est disjoint, ses parties étant trop sèches, qu'on le plonge dans l'eau, il se raccommode. C'est par cette raison que le plus souvent on enduit les boiseries des maisons de peintures à l'huile ou *de quelques vernis* qui, fermant l'entrée et même la sortie à l'humidité, font qu'elles se conservent plus long-tems dans le même état.

15. Une corde se raccourcit, quand on la mouille, et elle s'alonge en séchant. Je raconterai une anecdote à ce sujet. Sous le pape Sixte-Quint, on élevait à Rome un obélisque que l'on avait transporté d'Egypte et dont le poids énorme donnait tant de soins et d'inquiétudes aux architectes, que l'on avait ordonné le

plus profond silence, sous peine de mort. Une foule innombrable de spectateurs s'y était rendue. Beaucoup de machines étaient employées à soutenir cette masse énorme : déjà elle était presque parvenue au niveau du piédestal; mais les cordes ne pouvant soutenir un si grand poids s'alongeaient et l'on n'avait aucun espoir de l'élever à la hauteur désirée, quand tout à coup quelqu'un de la foule (c'était l'architecte Zapaglia de Ferrare) s'écria : *Mouillez les cordes.* On les mouille, et aussitôt l'obélisque est posé à l'endroit qui lui était destiné.

16. Les coquilles des œufs ont des pores par lesquels ils perdent peu à peu la matière qu'ils renferment aussitôt *qu'ils sont* pondus et en même tems cette qualité qui les fait appeler *frais.* Si vous voulez empêcher cette évaporation et conserver long-tems *des œufs frais*, recouvrez les coquilles d'une liqueur grasse, par exemple, d'huile d'olive, et ensuite essuyez-les bien avec une serviette, *pour qu'il ne pénètre* pas dans l'œuf des particules d'huile qui, en vieillissant, lui donnerait le goût de rance. Des œufs ainsi préparés ne paraîtront pas moins bons au bout d'un an, que s'ils avaient été pondus dans la journée même.

Lorsqu'on veut courber une pièce de bois, il faut mettre du feu sous la surface que l'on veut courber, et mouiller l'autre; le feu séchera la première et la raccourcira, et l'eau alongera l'autre. Ainsi ces deux effets concourant au même but, la poutre se courbera, quelque grosse qu'elle soit.

17. Si l'on veut écrire quelque chose en relief sur du bois, rien n'est plus facile ni plus simple. D'abord il faut graver avec un poinçon, en enfonçant le bois, et raboter la superficie jusqu'à ce qu'on n'aperçoive plus les petits trous, et ensuite plonger le bois dans *l'eau; alors la matière* se gonfle, et *les parties* qui auparavant avaient été comprimées reprenant leur premier volume, les lettres paraissent en relief.

Ce qui est surtout remarquable, c'est la force avec laquelle agit le liquide pour augmenter le volume d'un corps. On s'en est servi quelquefois pour produire de grands efforts. Par exemple, si on veut partager en deux parties un bloc de pierre, qu'on y fasse une incision étroite et profonde *avec le ciseau,* qu'on y enfonce avec force des coins de bois desséchés au feu, et qu'ensuite on les mouille; bientôt le volume des coins augmentera, et *le* bloc éclatera.

18. Tous ces effets ne démontrent pas moins la porosité des corps que plusieurs expériences que je vais rapporter. Si l'on renferme du mer-

cure dans une peau sans épiderme, et qu'on le presse, même médiocrement, on verra sortir le métal sous la forme d'une pluie fine. Donc la peau est poreuse; mais l'épiderme l'est moins.

Les pierres sont aussi poreuses et surtout celles dont nous nous servons comme de fontaines, et au travers desquelles l'eau filtre parfaitement.

On prouve facilement que les métaux mêmes sont poreux. En effet, remplissez d'eau une boule de métal fort mince, et soumettez-la à la pression; il viendra sur la surface un liquide semblable à de la rosée. Mais le plus poreux de tous les métaux est la fonte de fer.

Nous pensons donc qu'il n'y a point de corps, point de matière sans pores, sans en excepter le verre dont les pores échappent à la vue; car il paraît assez évident qu'il est poreux, puisqu'il augmente ou diminue de volume selon la température.

19. Nous venons de dire qu'un certain corps augmentait et diminuait de volume selon la température; cette propriété est commune à tous les corps, et on l'appelle RARÉFACTIBILITÉ. Tous les corps sans exception augmentent de volume ou se raréfient, lorsqu'on les chauffe, parce qu'il entre dans leurs pores plus ou moins de chaleur qui étend leurs fibres et leurs parties

solides, d'où il arrive qu'ils occupent un plus grand espace qu'auparavant.

De même tous les corps en se refroidissant diminuent de volume; cette propriété, que nous appelons CONDENSABILITÉ, est évidemment produite par un effet contraire au précédent. Si cependant l'eau gelée augmente de volume en se refroidissant, c'est par l'effet d'une cause étrangère, et nous prouverons en son lieu (lorsque nous parlerons du feu et de la glace) que l'eau se condense réellement en gelant.

Nous avons déjà fait voir que les corps, surtout les *fluides*, étaient compressibles, et nous avons prouvé, par plusieurs expériences, cette propriété que l'on appelle COMPRESSIBILITÉ.

20. Cependant l'eau et toutes les liqueurs n'ont pas encore pu être comprimées d'une manière sensible. Pour l'éprouver, on a d'abord rempli d'eau une boule d'or très-mince, on l'a fermée hermétiquement, et on l'a un peu applatie au moyen de la pression; on y a détruit deux petits segments. La boule ayant ainsi changé de forme, n'avait pas moins de capacité qu'auparavant. Or, on avait augmenté la surface de la boule, parce qu'il est prouvé mathématiquement qu'un vase sphérique a plus de capacité qu'aucun autre, à surface égale. Ainsi il semblerait que l'eau n'est point du tout compressible; mais

on peut objecter que l'eau fut comprimée dans
le premier moment, et qu'en revenant à son premier état elle a étendu le métal. D'ailleurs toutes
les liqueurs sont composées de petits corps, et,
comme ils ont nécessairement des pores plus ou
moins, ils doivent être un peu compressibles.

21. On appelle ÉLASTICITÉ cet effort par lequel
les corps comprimés tendent à reprendre leur
premier état plus ou moins promptement. Si
l'on jette une boule de marbre ou d'ivoire sur
le pavé, repoussée par le choc elle rejaillira,
parce que l'ivoire est élastique. Tous les autres
corps le sont aussi; mais l'air et la lumière le
sont plus que tous les autres.

La DILATABILITÉ est produite par l'action élastique, lorsque les corps n'étant plus retenus par
aucun obstacle, tendent à occuper plus d'espace
qu'auparavant. Cette dilatabilité est bien certainement différente de la raréfactibilité.

Les corps n'ont pas non plus la même MOBI-
LITÉ, c'est-à-dire, la même propriété d'être mis
en mouvement. Cette mobilité dépend de la
forme, du poli de la surface et de la masse ou
de l'abondance de la matière.

On appelle MÉCHANIQUE l'art qui enseigne à
mettre les corps en mouvement.

22. Jusqu'à présent nous avons exposé quel-

ques propriétés générales des corps, en nous contentant d'en citer des exemples pris dans les corps où elles sont plus manifestes. Maintenant revenons à chaque corps en particulier, soit fluide, soit liquide, dont dépendent principalement les phénomènes les plus étonnants de la nature.

Le premier de tous sera l'EAU. Nous la considérerons sous trois états différents, savoir : sous l'état *liquide*, sous l'état de *vapeur* et sous l'état de *glace*.

Les principales *propriétés de* l'eau *liquide* sont qu'elle n'a ni couleur, ni saveur, ni odeur, qu'elle est presque incompressible, transparente, qu'elle s'attache aux corps, qu'elle en dissout un grand nombre, et qu'elle peut éteindre les matières enflammées. Cette définition ne convient qu'à l'eau très-pure ; car si quelqu'une a de la saveur, de la couleur ou de l'odeur, c'est qu'elle renferme certainement quelque matière étrangère.

23. La liquidité de l'eau est causée par la matière de la chaleur que nous avons déjà appelée *calorique*, et qui, pénétrant les particules les plus mobiles, les fait rouler les unes sur les autres, de sorte que celles qui occupent la surface se rangent d'elles-mêmes horizontalement. Quant à la ténuité de ces particules, jugez-en :

un philosophe, appelé Nieuwentit, a prouvé que
la pointe de l'aiguille la plus fine pouvait supporter treize mille de ces particules toutes en-
tières, et, à l'aide d'un microscope, on en a
compté vingt-six millions dans une seule goutte.

Mais, comme les particules de tous les liquides
n'ont pas la même forme, ni le même volume,
de là différents degrés de liquidité. L'eau, le vin
et les liqueurs fortes paraissent plus liquides que
la gomme fondue, la bierre épaisse, le miel en
fermentation et l'huile.

24. Personne n'ignore quelle est dans la nature l'abondance de l'eau liquide, et combien
elle y exerce de fonctions différentes. Réunie en
une masse immense dans l'océan, entraînée par
un mouvement modéré dans les lits des fleuves et
des rivières, elle transporte les vaisseaux et différentes espèces de bâtiments, pour établir par
les voyages et le commerce des communications
entre les différents peuples des différentes contrées. C'est son impulsion qui met en mouvement un grand nombre de machines aussi utiles
qu'ingénieuses ; et si l'homme a en son pouvoir
une force encore plus grande que celle-ci, qui
pourtant l'est beaucoup dans ces circonstances,
c'est au même liquide converti en vapeurs qu'il
la doit toute entière. C'est dans l'eau que vit une
foule innombrable d'animaux ; c'est l'eau qui

est la boisson des hommes, des animaux terrestres et des oiseaux, boisson aussi salubre qu'on en fait peu de cas ; c'est l'eau qui donne la végétation aux plantes, et c'est dans son sein qu'ont pris naissance une variété incalculable de minéraux et tous les métaux qui nous sont si précieux.

25. Il est facile de dire d'où nous vient l'eau et comment elle se renouvelle sans cesse. Les vapeurs qui s'élèvent chaque jour de l'océan, immense réservoir, des lacs, des îles et des continents, ne sont composées que de la matière des eaux en très-petites particules et raréfiées par le calorique ; plus légères que l'air et assez semblables à des bouteilles de savon, elles sont emportées çà et là par les vents. Bientôt, le calorique diminuant, elles se condensent et tombent en pluie, pour alimenter les sources et les fontaines. Ce qui prouve que ce sont les eaux de pluie qui entretiennent les fontaines, c'est que beaucoup d'entr'elles se *tarissent souvent*, ou diminuent sensiblement, après une longue sécheresse, et qu'elles coulent avec une nouvelle abondance après des pluies récentes ou après la fonte des neiges. Ceci explique facilement, pourquoi les eaux de sources sont douces, pourquoi les fontaines voisines de la mer sont aussi douces que celles qui en sont éloignées, pourquoi enfin les sources se trouvent plutôt au milieu des cô-

teaux ou au pied des montagnes que dans la plaine.

26. Personne n'ignore que les eaux de la mer sont salées. Que l'on habite, soit à Marseille, ville de France, sur la Méditerranée, soit au Hâvre, à l'embouchure de la Seine et où ce fleuve se jette dans l'Océan, soit à Lisbonne, ville du Portugal, *où les eaux de la mer remontent par la marée*; soit qu'on aille dans les indes orientales ou à Saint-Domingue, ville d'Amérique, partout on trouve que l'eau de la mer est salée. Si on m'en demande *la cause*, je répondrai que les eaux de la mer contiennent perpétuellement des sels qu'elles *dissolvent*, et que ces sels ne seront jamais épuisés ni diminués, parce que ceux qu'on en tire pour la consommation des hommes ne se perdent nullement, *mais qu'ils se répandent seulement sur la surface de la terre*, ou s'y enfoncent un peu, d'où les eaux les entraînent dans les mers, leur première demeure.

27. L'eau est d'autant plus estimée pour la boisson, qu'elle est plus pure. C'est pourquoi celle dont on fait le plus de cas est l'eau de pluie et de citerne, parce que, si quelques matières étrangères y sont mêlées, elles se volatilisent et se dégagent facilement. Or, quoique les eaux

de pluie sortent de la mer, elles sont douces cependant, parce que les sels étant plus pesants que les particules d'eau qui se vaporisent, ne sont point enlevés, mais demeurent dans le lit de la mer. Nous devons donc éloigner de nos aliments, avec autant de soin que possible, les eaux des lacs, des étangs, des marais, toutes celles qui sont trop abondantes en poissons, ou qui reposant sur un fond bourbeux ne se renouvellent pas promptement, celles qui cuisent mal les légumes, qui se refusent à dissoudre le savon.

28. Quant à l'eau de neige, on sait que sa légèreté ne la rend pas plus salubre, et qu'elle est la cause de ces tumeurs ou goîtres dont sont affligés le plus souvent ceux qui en font un usage continuel. Si par hasard vous avez habité Genève, ville de la Suisse, ou Grenoble, ville capitale du département de l'Isère, vous aurez sans doute rencontré beaucoup de ces difformités, parce que les habitants de ces contrées, voisines de hautes montagnes couvertes de neige, ne boivent le plus souvent que de l'eau de neige. Cependant d'autres eaux que celles de neige passent pour avoir la même légèreté et le même inconvénient. Dans tous les cas il est très-bon de faire filtrer l'eau que l'on destine à sa boisson.

Lorsque l'eau est plus chaude que l'air environnant, la matière de la chaleur, qui cherche toujours à se répandre uniformément, en sortant de l'eau, en entraîne *les parties les plus subtiles,* avec lesquelles se mêlant, elle convertit en vapeurs cette portion d'eau. Or ces vapeurs échappent à la vue, pendant l'été il est *vrai,* mais *non pendant l'hiver;* parce que étant enveloppées d'un air froid ses parties sont plus resserrées et s'étendent plus difficilement.

29. Mais le plus prodigieux de tous les phénomènes est celui que *produit la dilatation incroyable de ces vapeurs,* puisque le volume de l'eau vaporisée devient à l'aide d'une forte chaleur environ quatorze mille fois plus grand. Si elle est contenue et renfermée, sa chaleur augmente d'autant plus que son volume se serait étendu, s'il eût été *libre et s'il* n'eût rencontré aucun *obstacle;* et *alors elle* agit avec tant de force contre ce qui lui résiste, qu'elle est capable de vaincre les plus grands efforts. Nous en avons maintenant des exemples très-connus dans les pompes-à-feu. La vapeur ainsi renfermée de toutes parts s'échauffe tellement, qu'elle peut amollir et décomposer les os, le bois, la corne, l'étain et le plomb. C'est pour cela qu'on pense que les vapeurs ren-

fermées sous terre sont la cause des éruptions si terribles des volcans.

Souvent la vapeur ainsi retenue a causé des accidents très-fâcheux. Lorsque les canons ont tiré pendant quelque tems, on les rafraîchit avec l'écouvillon, c'est-à-dire, avec un torchon mouillé attaché au bout d'un bâton. S'il arrive par hasard que l'écouvillon bouche trop exacte- ment la largeur, la vapeur réunie dans lé fond, cherchant à s'étendre, chasse avec force l'écou- villon et emporte quelquefois le bras du ca- nonnier.

30. Les parties des liquides pèsent sans dé- pendance les unes des autres, ce qui est facile à démontrer. Percez en dessous un cuvier rem- pli d'eau, de manière que le trou ait cinq lignes de diamètre ; quelque grand que soit le cuvier, quelque quantité d'eau qu'il contienne, un seul doigt appliqué au trou en dehors suffira pour empêcher l'eau de couler. Pourquoi ? parce que, bien loin que le doigt ait à porter environ deux cents pieds cubes d'eau (le diamètre étant supposé de six pieds, ainsi que la hauteur), il ne supporte que la faible colonne qui répond à ce trou de cinq lignes, laquelle n'égale pas six onces et trois gros. Mais si toutes les par- ties des liquides pesaient ensemble comme celles des solides, je ne dis plus la résistance

d'un seul doigt, mais la force de quatre-vingts hommes réunis ne résisterait pas à cette masse pesant environ quatorze milliers de livres.

On jeterait sur la tête d'un enfant, même du sommet d'une maison, toute une pinte d'eau, il n'en arriverait sans doute rien de fâcheux ; mais il · n'en serait assurément pas ainsi d'un morceau de glace d'un poids égal à celui de l'eau.

31. Les solides ne pèsent que de haut en bas ; c'est pourquoi il est facile de concevoir pourquoi les liquides, qui sont composés de petites particules solides, sont soumis à la même loi. Mais outre ce genre de pesanteur, les liquides en exercent encore une autre de bas en haut et latéralement. Un tonneau dont le robinet est ouvert, un seau dont les douves sont desséchées, une cafetière et un arrosoir que l'on incline à peine, lorsqu'ils sont pleins, ne perdent ou ne rendent si facilement les liquides qu'ils contiennent que, parce que les parties des liquides, pressées dans tous les sens les unes par les autres, pressent aussi les parois de leurs vases. Mais vous reconnaîtrez que les liquides exercent aussi une pression du bas en haut, si vous tenez enfoncé perpendiculairement dans l'eau un chalumeau ou un entonnoir, ou bien un pot à fleur, car ils se rempliront d'eau en peu de

tems. Si l'on met la main à l'ajutage d'un jet d'eau, n'est-elle pas fortement repoussée par cette pression ascendante ? Enfin certains encriers de verre, certains abreuvoirs de cage à double bec recourbé, différents baromètres, et ces jets d'eau que nous venons de citer, ne sont-ils pas une preuve de la pression des liquides dans tous les sens ?

52. Quant aux personnes qui *ne se contentent pas des effets et qui recherchent* toujours la cause des choses, on peut leur répondre que la pression latérale des liquides ne déroge point du tout au principe général de la gravitation. Que l'on jette dans un verre deux ou trois poignées de graine de colzat ou de plomb de chasse, *les premiers globules forment* un premier lit, *les globules suivants forment* de nouveaux lits et se placent dans les interstices des premiers avec toute *la force que leur donnent* et leur propre masse et le poids des lits supérieurs, en faisant les fonctions de petits coins. Comment les parois du verre ne seraient-ils pas pressés ?

Bien plus, le fond d'une bouteille pleine de vin et debout, dont le goulot est étroit, éprouve autant de pression que si la bouteille avait du haut en bas le même diamètre que le ventre. Pour *le prouver*, emplissez d'eau un tonneau, appliquez au trou du bondon la partie inférieure d'un tuyau de deux pouces de largeur et de trente ou quarante pieds de longueur, de manière qu'il aille des gouttières jusqu'à terre, et faites-le remplir également d'eau ; à peine admettra-t-il treize vingtièmes d'un pied cube, c'est-à-dire, quarante-cinq livres de liquide, et le tonneau éclatera certainement, tant est grande la force de l'eau qui agit contre les parois du tonneau.

33. Nous savons par l'expérience que la pression des liquides s'exerce non en raison de leur quantité, mais en raison du produit de la hauteur multipliée par *la base*. En effet, si l'on dispose un tuyau très-long et très-étroit au-dessus d'une base très-large à laquelle il communique et si on le fait remplir de liquide, avec une très-petite quantité d'eau, on parviendra à produire tel effort qu'on voudra, au point même de rompre avec *un seul seau d'eau* une pièce de bois assez forte que l'on mettrait debout sous une presse. Delà beaucoup de machines aussi ingénieuses qu'utiles. Vous avez peut-être entendu parler de la presse hydraulique qui est d'une invention assez récente ou du moins que l'on emploie depuis peu de tems dans les arts mécaniques ; vous en avez même peut-être vu dans ces grands établissements où l'on fait fabriquer le drap ; sa construction,

son effet étonnant et sa force presqu'incroyable sont fondés sur le principe d'hydraulique que nous avons énoncé plus haut.

34. Nous avons déjà dit plus haut que les liquides, par une propriété particulière, tendent toujours au niveau de l'horizon, quand ils sont renfermés dans un vase, ce qui a lieu aussi quand ils sont dans plusieurs vases qui communiquent les uns aux autres. Ainsi, par exemple, s'il s'agit de conduire des eaux du sommet d'une montagne sur une autre, quoiqu'elles soient séparées par une vallée, on en viendra facilement à bout en établissant un réservoir au niveau de la source et des tuyaux de communication sur les pentes de la vallée. C'est ainsi qu'au moyen de tuyaux cachés sous le pavé des rues on distribue des eaux dans les différents quartiers des grandes villes. C'est ainsi qu'on élève de l'eau aux différents étages d'une maison, pourvu qu'ils ne soient pas plus élevés que le réservoir. C'est aussi de cette manière qu'on a construit à Paris ces nombreuses fontaines dont l'eau sert de boisson, et ces jets d'eau qui flattent si agréablement les yeux, lorsqu'on se promène dans les jardins royaux à Versailles, ou qu'on entre dans le parc de Saint-Cloud.

35. Les sources situées sur des montagnes,
d'où les eaux jaillissent naturellement, présentent
à-peu-près les mêmes phénomènes que les
fontaines artificielles. Il faut toujours qu'à l'aide
de conduits souterrains elles coulent d'un lieu
plus élevé. Il y a même certains endroits où,
lorsqu'on perce *la terre* avec la sonde, l'eau
vient en abondance, et c'est *ainsi qu'en plusieurs pays en France* on se procure de l'eau.
Souvent même, lorsqu'on creuse la terre pro-
fondément, pour réunir des eaux dans un puits,
si on découvre tout à coup une source, les eaux
pressées *du bas en haut* viennent avec tant
d'abondance, qu'il en arrive des accidents fâcheux, surtout lorsque c'est dans des lieux voisins des fleuves ou des lacs.

36. Cependant les liquides n'ont pas tous le
même poids; c'est pourquoi on les appelle alors
liquides hétérogènes. *Or deux, ou un plus* grand
nombre de ces liquides, renfermés dans des
vases communiquants ne tendent pas au même
niveau, mais ils s'élèvent d'autant plus qu'ils
sont plus légers; de sorte qu'une colonne d'eau
égale en poids à une colonne de mercure, s'é-
lèverait quatorze fois davantage.
Au goulot d'un flacon adaptons un petit entonnoir de verre et mastiquons-les ensemble
avec autant de soin que possible, leur conte-

nance étant d'ailleurs à peu près la même et leur canal également étroit; emplissons de vin rouge le flacon, et d'eau l'entonnoir; nous verrons bientôt le vin s'élever à travers la masse d'eau, et peu de tems après le vin prendre la place de l'eau, et l'eau celle du vin.

37. On démontre la même chose par une autre expérience. On met dans une bouteille en premier lieu une partie de mercure, en second lieu une partie d'huile de tartre, en troisième lieu une d'*esprit* de vin, et en quatrième une d'*esprit* de térébenthine, le reste étant plein d'air; après l'avoir bouchée avec soin on la renverse et on l'agite dans tous les sens, de manière que tous les liquides paraissent ne plus former qu'un cahos. A peine a-t-on mis la bouteille debout, que chaque liquide reprend son premier rang, parce que le poids spécifique de ces liquides est bien différent. Mais il n'en serait pas ainsi de *l'eau* et *du vin; car ils* ne diffèrent entr'eúx que comme les nombres mille et neuf cent quatre-vingt-treize.

38. Les anciens philosophes ont long-tems affirmé que les liquides n'avaient aucun poids dans leur propre élément, c'est-à-dire, qu'un pied cube d'eau, dont le poids est dans l'air de soixante-dix livres, ne pèse plus une livre, pas

même un grain, dans une masse d'eau assez considérable, pour qu'il en soit enveloppé de toutes parts; ce qui est faux, comme le démontre parfaitement l'expérience suivante. Suspendons au fléau d'une balance un flacon vide, après l'avoir bouché, et si vous voulez, de la contenance exacte d'un pouce cube (un pareil volume d'eau de pluie pesant cinq gros et environ treize grains), et plongeons-le ainsi dans l'eau. Ensuite, ayant donné à l'autre fléau un certain poids pour établir l'équilibre, si vous soulevez un peu le bouchon du flacon, le petit vase se remplira, l'équilibre sera rompu, et vous ne pourrez le rétablir qu'en ajoutant au fléau opposé cinq gros et environ treize grains. Les liquides conservent donc leur poids dans leur propre élément.

39. Cependant il n'est personne qui n'ait remarqué, de quelque manière que ce soit, qu'on soulève facilement un seau plein d'eau, tant qu'il est tout entier dans l'eau, et qu'il devient plus pesant, lorsqu'il sort de l'eau. La raison en est simple et naturelle. L'eau du seau ne paraît avoir aucun poids, tant qu'il fait partie de la masse totale, parce qu'elle est pressée du bas en haut autant qu'elle presse du haut en bas, et que le seau lui-même perd de sa pesanteur; mais hors du liquide, il faut que l'on

supporte à la fois et le poids entier du seau et celui de l'eau qu'il contient.

Tout le monde sait que l'on soulève sans difficulté une poutre qui se trouve au fond d'un bassin, tandis qu'on pourrait à peine la remuer, si elle était sur terre. La cause en est que dans l'eau la poutre perd une partie de son poids égale au poids d'un même volume d'eau que déplace la poutre, et cette propriété est commune à tous les solides, pourvu qu'ils ne soient pas trop sujets à se laisser pénétrer par les liquides.

40. Les solides plongés dans les liquides ont une pesanteur spécifique ou plus grande, ou égale, ou moindre que celle de ces liquides. S'ils sont spécifiquement plus pesants, ils vont au fond, comme font *les métaux et les cailloux*; s'ils le sont également, ils restent immobiles à quelque profondeur qu'on les mettent; s'ils le sont moins, *ils ne plongent qu'en partie* et jusqu'à ce qu'ils aient déplacé du liquide un poids égal au leur, c'est-à-dire, jusqu'à ce que les colonnes du liquide ne soient ni plus ni moins pressées par le solide qu'elles ne l'étaient auparavant par le liquide.

Pour le prouver prenez un vase quelconque garni d'un bec, par exemple, une théière, et emplissez-la d'eau, jusqu'à ce qu'elle coule par

le bec; ensuite mettez sur sa surface une boule
de cire grosse comme les deux poings; cette
boule plongeant en partie fera sortir par le
bec une partie du liquide, qui, si vous la pesez,
se trouvera égaler le poids de la boule de cire.

41. Ordinairement le corps de l'homme est
spécifiquement un peu plus léger que l'eau, et
nage naturellement sur ce *liquide*, mais plus
facilement encore sur les eaux salées, car on a
moins de peine à nager dans la mer que dans
l'eau douce. Ceux qui sont gras surtout nagent
mieux que ceux qui sont maigres; quelques-
uns même ne peuvent enfoncer dans les eaux
et se tiennent avec la plus grande facilité sur
la surface, sans le vouloir. Malgré cela, on a
pourtant presque toujours des précautions à
prendre, pour que le visage ne plonge pas dans
l'eau, et c'est en cela, ainsi qu'en l'art d'avancer,
que consiste toute la science du nageur. On
se tient fort bien sur le dos sans faire aucun
mouvement, surtout lorsque les jambes entrent
un peu dans l'eau.

Souvent on se sert des corps flottants pour
élever du fond des eaux de lourds fardeaux. Lorsque la mer se retire, on attache des cables aux
fardeaux qui sont sous l'eau et à des barques
qui flottent à la surface; bientôt la marée mon-
tant, les eaux soulèvent en même tems et les

barques et les fardeaux submergés. Quelquefois aussi, dans les fleuves, on arrive au même
but, par un moyen à-peu-près semblable, en char-
geant des barques le plus qu'il est possible, et
en les déchargeant ensuite.

42. Les solides que l'on plonge dans les liquides,
déplacent une partie de liquide d'un volume égal
au leur et perdent une partie de leur poids égale
à celui du liquide déplacé. Delà on a trouvé le
moyen de connaître la pesanteur spécifique des
différents corps et de comparer entr'eux les liquides et les solides. *En effet,* si vous pesez un
solide *dans l'air* et ensuite dans un liquide, en
supposant que son poids dans l'air soit de douze
onces, et dans l'eau de neuf seulement, vous aurez trois onces de différence ; ce qui signifie qu'un
semblable volume d'eau pèse trois onces, et que
les pesanteurs spécifiques du solide et de l'eau
diffèrent entr'elles comme les nombres douze et
trois, c'est-à-dire, que le solide est quatre fois
plus pesant que l'eau. *C'est ainsi qu'en prenant*
pour terme de comparaison de l'eau de pluie,
dont un pied cube est estimé peser soixante-
dix livres, on a déterminé la pesanteur spécifique de beaucoup d'autres corps, tels que des
bois de différentes espèces, du fer, de l'or, de
l'argent, du vin, et d'autres encore dont l'énu-
mération ne conviendrait pas à mon sujet, d'au-

tant moins qu'elle se trouve dans presque tous les ouvrages de physique.

43. Du grand nombre des avantages que présente l'hydrostatique, on distingue surtout le moyen qu'elle fournit d'évaluer le volume de tous les corps, même des plus irréguliers. Car la géométrie n'a aucun moyen d'y parvenir. Dès qu'une fois on connaît la pesanteur spécifique de l'eau et la pesanteur *absolue d'un corps*, on peut, à l'aide des principes de l'hydrostatique, évaluer le volume de ce corps exactement en pieds cubes, en pouces et parties de pouce cube. Par exemple : supposons qu'une masse de marbre irrégulière pèse dans l'air vingt-huit livres, et dans l'eau de mer dix seulement ; le volume égal d'eau déplacé par l'immersion, pèse donc dix-huit livres. Or un pied cubique d'eau de mer pesant soixante-douze livres, si vous évaluez par le calcul les dix-huit soixante-douzièmes du pied cube, vous trouverez un quart de pied cube ou quatre cent trente-deux pouces cubes pour le volume de l'eau déplacée par l'immersion, ou pour le volume du bloc de marbre.

44. Nous avons dit plus haut que la cause de la liquidité des eaux était le feu ou le calorique qui, pénétrant ses parties, les sépare et les fait rouler les unes sur les autres, tandis que, quand elles en

sont privées en partie, elles se rapprochent et deviennent GLACE. On prouve par plusieurs expériences que le volume de l'eau augmente par la congélation, voilà pourquoi la glace plus légère que l'eau y surnage. Cependant nous ne devons pas, comme Galilée, regarder la glace comme de l'eau raréfiée, mais au contraire comme de l'eau condensée, car l'augmentation de volume, comme celle de l'eau par la congélation est produite par l'air qui, chassé des pores qu'il remplissait d'abord, occupe dans la masse de nouvelles places plus étendues que les premières. Telle est l'opinion des plus célèbres physiciens. En effet, on a remarqué que la glace de l'eau, purgée d'air avec soin, était sensiblement plus pesante que d'autre, quoiqu'on n'ait pu encore parvenir à faire de la glace plus pesante que l'eau, ni même aussi pesante, parce qu'on n'a pas encore trouvé le moyen de la purger entièrement de l'air qu'elle contient.

45. C'est à cette augmentation de volume, dont la cause dépend du plus élastique des fluides, qu'est due la grande force de la glace. Quelquefois elle agit avec des efforts étonnants. Quelqu'un, après avoir rempli d'eau un canon de fer épais d'un doigt, et l'avoir bouché avec soin, l'exposa à une forte gelée, et douze heures après, le trouva crevé en deux endroits. On a

estimé par le calcul que la force de la glace dans cette occasion pouvait soutenir un poids de vingt-sept mille sept cent vingt livres, ce qui est presque incroyable. Il n'est donc pas étonnant que la glace brise les vases de verre, de faïence, de porcelaine et de fonte, qu'elle soulève les pavés, qu'elle fasse crever les tuyaux des fontaines, qu'elle fasse fendre les pierres et les arbres, lorsque la gelée a été précédée d'un tems humide. La glace est d'autant plus dense et plus purgée d'air, elle résiste d'autant plus, quand on veut la briser, qu'elle a été formée par un froid plus fort. Quelquefois même elle est plus dure que le marbre.

46. Dans l'île d'Islande, qui fut autrefois connue des Romains sous le nom de Thulé, dans le Spitzberg et dans toutes les régions septentrionales, les glaces sont si dures qu'on peut à peine les rompre avec le marteau. Pour rendre cela plus croyable, nous raconterons qu'en l'an dix-sept cent quarante, l'hiver étant très-rigoureux, on construisit à Pétersbourg, capitale de la Russie, un palais tout de glace, selon les principes de la plus élégante architecture, de 52 pieds de longeur, de 16 pieds de largeur et de 20 pieds de hauteur, sans que les morceaux de glace du comble endommageassent en rien ceux des fondations par leur poids énorme. La glace, épaisse

de deux ou trois pieds, avait été tirée de la Néva, rivière voisine. Pour rendre la chose encore plus merveilleuse, on plaça devant le palais six canons de glace avec leurs affûts de pareille matière, et deux mortiers du même calibre que ceux qu'on fait en métal. Les canons de métal de même dimension reçoivent ordinairement trois livres de poudre; mais on n'en donna qu'un quart à ceux-ci, ce qui produisit une forte explosion, et les canons ne crevèrent pas, quoiqu'ils fussent à peine épais de quatre pouces. Un des boulets perça même une planche de deux pouces d'épaisseur à la distance de soixante pas.

47. L'eau mêlée de matières étrangères gèle plus difficilement; c'est pourquoi les sels, le sucre et les esprits retardent la congélation. Ils font dans l'eau à peu près le même effet que la matière de la chaleur; ils se placent entre les particules, et les empêchent de se réunir, jusqu'à ce qu'ils en soient chassés pour passer dans les autres parties liquides.

Les fruits gèlent pour peu que les hivers soient forts. Dans cet état, ils perdent ordinairement toute saveur, et, quand le dégel arrive, ils tombent le plus souvent en pourriture. Les nombreuses particules aqueuses de ces fruits devenant autant de petits glaçons qui vont toujours en augmentant, déchirent et font crever les petits vaisseaux qui les contiennent, et détruisent l'organisation. On remarque aussi quelque chose de semblable dans les hommes et les animaux qui habitent les pays froids, et il n'est pas rare de trouver des hommes qui aient perdu par un froid violent le nez ou les oreilles.

48. On trouve aussi des exemples de cet accident dans *les pays tempérés.* Brisson (Brisso, ouis), très-célèbre par ses excellents ouvrages sur la physique, raconte qu'il a vu, dans le département de la Vendée, deux bateliers qui avaient perdu tous les doigts de chaque maiñ, parce qu'on les avait fait dégeler trop promptement. On ne peut conserver un membre gelé qu'en en chassant le froid très-lentement. Par exemple il faut qu'on le tienne dans un endroit où il ne gèle pas, enveloppé dans de la neige ou de la glace pilée, jusqu'à ce qu'elle fonde; ensuite dans de l'eau, un peu moins froide, puis un peu tiède, et qu'on le réchauffe ainsi lentement et par degrés. *Il est absolument nécessaire que le dégel soit lent.* S'il était trop prompt, de manière à ne pas permettre aux différentes parties du corps de reprendre l'ordre qu'elles ont perdu, il détruirait dans ce membre les organes qu'il faut conserver.

49. Il n'en est pas du froid qui fait geler l'eau

comme de la chaleur qui la fait bouillir: car l'eau en bouillant n'augmente pas de chaleur, quelque long-tems qu'on la chauffe, tandis que la glace, une fois formée, se refroidit d'autant plus qu'elle est exposée plus long-tems à un froid qui augmente. On la refroidit aussi artificiellement en y mêlant des sels ou des esprits ardents ou acides. De tous les sels le plus propre à rafraîchir l'eau est le sel marin, et le mélange qui produit le plus d'effet est celui où l'on met trois parties de sel avec huit de glace, en mesurant par le poids. C'est de cette manière que dans les cafés on *congèle les sirops* qui deviennent ce que nous appelons *des glaces*. On met du sirop dans un vase d'étain qui ferme bien et que l'on appelle *sabot*, et on l'entoure du mélange cité en le renouvelant toujours, car il se fond promptement. Pendant ce tems-là on remue souvent le sirop, afin qu'il se congèle plus facilement et qu'il devienne comme une espèce de pâte.

5o. Toutes les fois qu'un liquide passe à l'état de fluide aériforme, il absorbe du calorique et en enlève à tous les corps qui l'entourent. Ceux qui l'avoisinent se refroidissent donc. C'est d'après cela qu'on rafraîchit l'eau ou tout autre liquide en entretenant une humidité continuelle sur la superficie du vase qui le contient. Cette

humidité s'évaporant, le vase perd de son calorique, et le liquide est refroidi. Les chasseurs et
les militaires emploient souvent ce moyen dans
les champs ou dans le camp pour boire frais.
Ils entourent leurs bouteilles de linges mouillés
et les exposent au soleil, pour que l'évaporation
soit plus prompte et que le liquide se rafraî-
chisse plus vite. Ils font fort bien d'en agir ainsi,
car il est fort agréable et fort sain de boire frais.

Si on met une petite *bouteille* pleine d'eau
dans l'esprit de vin ou dans l'éther, ou *si* on
l'entoure de linges imbibés de ces liquides, l'eau
se refroidira assez pour geler.

51. Mettez deux vases *sous le* récipient de la
machine pneumatique, l'un plein d'eau, l'autre
d'une matière très-avide d'eau (d'acide sulfuri-
que concentré). Ensuite raréfiez l'air dans le récipient; l'eau se gèlera bientôt. Dans cette expérience la coupe remplie d'eau donne d'abord
des vapeurs dont le récipient est rempli. Mais
bientôt l'acide les absorbe, de sorte qu'il se
trouve toujours un nouveau vide qui est rempli
par de nouvelles vapeurs. Or par cette évaporation forcée l'eau perd toujours de son calorique et devient enfin glace.

Par cette expérience on explique à peu près
la formation de la grêle. Ce météore, dit-on,
n'a lieu que dans les grandes chaleurs et lorsque

les nuages sont très-élevés; alors les gouttes d'eau en tombant d'une région si élevée ont éprouvé à leur surface une évaporation assez continue pour perdre tout leur calorique et devenir glace. C'est ainsi qu'il se forme un noyau solide qui gèle toutes les particules qu'il rencontre en tombant. C'est pourquoi on trouve dans les grêlons plusieurs couches qui ont un seul et même centre.

52. De tous les liquides, à l'exception de l'eau, il n'en est pas qui ait fourni des observations plus importantes, pour la congélation, que le mercure. C'est un véritable métal qui, pour être mis en fusion, n'a besoin que d'une température beaucoup au-dessous de celle que l'on emploie pour les autres métaux, ce qui indique assez qu'il ne se solidifie qu'à un degré de froid beaucoup au-dessous du zéro de nos thermomètres. Déjà on avait vu le mercure geler en Sibérie. Mais ce phénomène qui était resté inconnu ou douteux, fut remarqué plusieurs fois par un académicien de Pétersbourg, dans le mois de décembre de l'année dix-sept cent cinquante-neuf. Il fut le premier qui fit descendre le mercure au cent soixante-dixième degré du thermomètre au-dessous de zéro, mais dans la suite on a reconnu qu'il pouvait geler au trentième. Depuis quelques années on a renouvelé plusieurs fois

à Paris avec succès cette expérience de la congélation du mercure, et ceux qui ont pris avec
la main de ce métal gelé ont ressenti comme
une forte brûlure, ce qui justifie assez l'expres-
sion des poètes anciens, *froid brûlant.*

53. Après avoir exposé d'abord les propriétés
du liquide qui arrose le globe à sa surface ou
dans son intérieur, nous considérerons le fluide
qui enveloppe la terre jusqu'à une grande hauteur, ce qui l'a fait appeler ATMOSPHÈRE. Ici le
plus vif intérêt se joint à l'amour de la science,
pour nous porter à l'étude de ce fluide, dans
lequel nous sommes plongés continuellement,
et d'où dépend non-seulement la conservation
de notre vie, mais encore ce qui en fait le plus
grand agrément, puisque c'est à lui que nous
confions nos pensées par la parole qui en est le
signe, pour être transmises à nos semblables.

De tout tems l'air avait été regardé comme
mêlé de principes étrangers, plus ou moins, de
différentes exhalaisons, et surtout de vapeurs
aqueuses. Mais, dégagé de ces matières, l'air était
considéré comme une substance simple et comme un des quatre éléments, par lesquels tous les
corps finissent par être absorbés. Maintenant il
est constant qu'il est composé de deux principes
bien différents, dont l'un s'appelle *gaz oxigène*
et l'autre *gaz azotique.* Le premier seul con-

sumerait la vie trop promptement, le dernier sans mélange suffoque les animaux qui le respirent.

54. L'air est véritablement un solide ou un composé de petits corps solides, qui, comme les autres corps, est étendu, divisible, résistant, pesant, élastique, etc. Tous les anciens philosophes, avant Galilée, excepté un petit nombre, avaient nié la pesanteur de l'air; mais celui-ci ayant injecté et condensé de l'air dans un vase, remarqua qu'il était plus pesant. Bientôt un autre inventa la machine pneumatique, c'est-à-dire, la machine avec laquelle on retire l'air d'un vase en totalité ou en partie. À l'aide de cette machine, on a trouvé que le poids de l'air différait du poids de l'eau environ comme un du nombre huit cent dix, en pesant un vase de verre d'abord plein d'air et ensuite vide. Il n'est donc pas étonnant si la main que l'on pose sur l'orifice supérieur du récipient de la machine pneumatique est fortement pressée tandis qu'on retire l'air du récipient, car l'air du récipient étant dilaté par la machine pneumatique, ne peut soutenir le poids de l'air extérieur. Ainsi le poids de l'air extérieur attache la main au récipient, et avec d'autant plus de force, que l'orifice du récipient est plus grand, parce qu'alors la colonne d'air est appuyée sur une plus grande base.

55. Mais ce qui peut paraître étonnant, c'est que le poids de l'air extérieur n'écrase pas et ne brise pas les grands récipients d'où l'on a enlevé presque tout l'air intérieur; car la colonne de cet air extérieur a le même poids qu'une colonne de mercure qui aurait vingt-huit pouces de hauteur, et pour base la largeur du récipient, ce qui est énorme pour un vase de verre. Ce qui les préserve de cet accident, c'est leur forme sphérique. L'expérience suivante le démontre clairement. Prenez un récipient ouvert des deux bouts, et fermez exactement la partie supérieure avec une vessie mouillée; à mesure que l'on enlèvera l'air intérieur, la vessie pressée par l'air extérieur deviendra concave et bientôt crèvera avec explosion. Si à la vessie on substitue une feuille de verre, elle se brisera. Combien de fois les chasseurs n'ont-ils pas vu leurs bouteilles plates et garnies d'osier se briser entre leurs mains pendant qu'ils buvaient, parce que, l'air intérieur étant dilaté par la succion, l'air extérieur presse les côtés applatis de la bouteille au point qu'elle se brise.

56. Vous vous rappelez que les anciens philosophes, quand on leur demandait pourquoi l'eau montait dans les pompes, avaient coutume de répondre que *la nature avait horreur du*

vide, réponse pompeuse et imposante par laquelle ils avouaient n'en rien savoir. Des fontainiers italiens s'étant avisés de faire des pompes aspirantes, dont les tuyaux s'élevaient au-dessus de trente-deux pieds, virent avec étonnement que l'eau ne passait pas cette limite. Ils demandèrent à Galilée l'explication de ce fait singulier, et l'on dit que ce philosophe pris au dépourvu répondit que *la nature n'avait horreur du vide que jusqu'à trente-deux pieds.* Mais Torricelli, disciple de Galilée, ayant médité sur ce sujet, pensa que l'eau s'élevait dans les pompes par la pression de l'air extérieur, et que cette pression avait une force égale au poids d'une colonne d'eau de trente-deux pieds de haut.

57. C'est pourquoi Torricelli ayant rempli de mercure un tube de verre fermé par en haut, vit le liquide s'arrêter à la hauteur de vingt-huit pouces. Or cette hauteur est à celle de trente-deux pieds comme la densité de l'eau est à celle du mercure, d'où il conclut que ce phénomène dépend de la pression de l'air.

Ceci se passait en l'an mil six cent quarante-trois. Bientôt l'expérience de Torricelli s'étant répandue en France, elle fut renouvelée plusieurs fois par Pascal et à des hauteurs différentes. Ainsi l'atmosphère pressant une surface déterminée de la même manière que la presserait une colonne d'eau de trente-deux pieds de haut, on a estimé que l'atmosphère pesait sur un homme d'une taille ordinaire environ trente-trois mille six cents livres. Voilà le poids dont étaient chargés les anciens philosophes qui niaient sérieusement la pesanteur de l'air.

58. Ici il est à propos de décrire la manière déjà indiquée de construire un BAROMÈTRE. Dans un tube de verre de trente pouces, et plus, de hauteur, et fermé par sa partie supérieure, versez du mercure et ayez soin de *le plonger* dans l'eau bouillante, pour qu'il soit mieux purgé d'air; alors mettant le doigt sur l'ouverture inférieure, renversez le tube et plongez-le par la même partie inférieure dans une cuvette de verre également remplie de mercure. Ensuite le doigt étant ôté, le mercure descendra aussitôt à *vingt-huit pouces* dans le tube, *qui, si on* l'applique à une planche divisée en différents degrés, indiquera les différentes pressions de l'air grandes ou petites, et en même tems les différents phénomènes de la météorologie qui en dépendent.

59. Le baromètre annonce d'avance les changements de tems, surtout lorsqu'ils doivent être considérables et subits. En effet lorsque le

mercure descend dans le baromètre, à quelque
hauteur qu'il soit, il annonce de la pluie ou
du vent, ou ce qu'on appelle mauvais tems ;
parce que l'air étant alors mélangé de vapeurs
aqueuses ou de fluides élastiques qui sont plus
légers que lui, il pèse moins sur la cuvette du
baromètre, et la colonne alors devient plus
courte. Mais si l'air vient à se purger de ces vapeurs, il deviendra plus pesant sur la cuvette,
et le mercure pressé par cet air montera dans
le tube, ce qui *présage le beau tems*. Cependant
il y a, je l'avoue, des observations qui paraissent contraires à celles-ci, mais c'est seulement
en apparence, et non en effet ; car elles s'expli-
quent de la même manière et par le même
principe.

60. Si vous mettez un morceau de fer dans un
vase rempli d'eau et de mercure, on le verra
traverser la colonne d'eau, s'arrêter à la surface
du mercure et y surnager facilement. De même
si l'on met du gaz acide carbonique dans un
vase rempli d'air, alors il arrivera que certains
corps, qui traversent facilement l'air atmosphérique, s'arrêteront à la surface du gaz acide
carbonique, et y surnageront, parce qu'ils sont
plus légers que lui. Les corps spécifiquement
plus légers que l'air atmosphérique peuvent
donc s'y élever. Nous en avons maintenant un

exemple très-connu dans les ballons aériens, avec lesquels on voyage dans l'air à une très-grande hauteur.

61. Un BALLON aérien est ordinairement une espèce de grande vessie en tissu très-fin ou de soie, ou de lin, ou de coton et enduit d'un vernis très-souple, que *l'on gonfle* avec du gaz hydrogène. Le globe est entouré d'un *filet* auquel est suspendu, au-dessous du ballon, une petite barque qui contient une ou plusieurs personnes. Une soupape de sûreté, placée à la partie supérieure, laisse échapper *le gaz* qui se dilate en entrant dans des couches d'air de moins en moins denses, et empêche que cette dilatation ne fasse crever le ballon.

Ce globe aérien diffère beaucoup de la Montgolfière, qui fut inventée par Montgolfier, et qui n'est composée que d'une légère enveloppe, au-dessous de laquelle est un fourneau avec du feu. La chaleur dilate *l'air* que contient l'enveloppe qui, se gonflant alors considérablement, acquiert une légèreté spécifique au moyen de laquelle elle s'élève dans l'atmosphère, emportant avec elle et le fourneau et le feu qui entretient sa légèreté.

62. Il y a des corps qui flottent dans l'air à cause de leur légèreté spécifique, et d'autres à

cause de leur extrême division, au nombre desquels on doit compter la fumée, les nuages, les poussières, etc.

La fumée n'est rien autre chose que des parties de charbon extrêmement fines et qui sont entraînées hors des tuyaux des cheminées dans l'atmosphère, comme des nuages, par l'air que la chaleur du foyer a dilaté. Cet air moins dense que celui qui l'environne, s'élève avec une certaine célérité dans les cheminées, entraînant avec lui la plus *grande partie* des combustibles. A peine la fumée est-elle sortie de la cheminée qu'elle tend manifestement vers la terre; mais alors le plus petit vent la dissipe et on ignore ce qu'elle devient. Cependant on voit assez clairement qu'elle finit par se déposer, après être restée plus ou moins *long-tems* suspendue dans l'air, ce que prouve une jolie observation facile à faire.

63. En hiver, quand les campagnes sont couvertes de neige, il faut observer de quel côté le vent pousse les fumées qui s'élèvent des cheminées d'une ville, et après l'avoir reconnu, se transporter dans les champs situés dans cette direction à une lieue de la ville. Si alors on goûte la neige répandue sur la terre, on lui trouvera un fort goût de suie et de fumée. On dit même qu'à Londres, où l'on brûle ordinai-

rement du charbon de terre, le goût de fumée
est plus fort, et que la neige en est sensiblement
colorée. Cela n'est point étonnant; car au milieu même des villes il tombe continuellement
de petits flocons de suie, dont on a souvent
les mains et le visage barbouillés.

64. Nous avons déjà dit que *la chaleur convertit les liquides en vapeurs* qui se mêlent à
l'atmosphère, comme les gaz se mêlent aux gaz.
Lorsque la température diminue dans quelque
région de l'atmosphère, les vapeurs qui y sont ré-
pandues tendent à revenir à *l'état liquide*; mais
les particules d'air logées entre les particules
d'eau empêchent que celles-ci ne se réunissent
en masse, de sorte qu'elles deviennent des globules très-menus et séparés les uns des autres par
une couche d'air très-mince. Les brouillards et
les nuages ne sont autre chose que des amas
de ces petits globules qui flottent dans l'atmosphère plus ou moins long-tems, jusqu'à ce qu'ils
se déposent lentement à la surface de la terre
ou qu'ils se résolvent en pluie.

65. Il n'est personne qui n'ait vu une grande
masse de poussière s'élever sur les chemins et
aller tomber an loin dans les plaines; on peut
surtout l'observer dans la partie méridionale de
la France. On dit même que souvent l'air a été

obscurci pendant des jours entiers par des
nuages de poussière bien loin des lieux d'où les
vents les avaient enlevés. Dans différentes ré-
lations de voyages, on fait mention de grands
nuages de poussière qui restent suspendus sur
les plaines sabloneuses de l'Egypte. Mais outre
ces poussières que l'on peut voir et qui ne flottent que peu de tems dans l'air, à cause de la
pesanteur de leurs particules, il flotte continuellement dans l'atmosphère des corpuscules
extrêmement menus que l'on aperçoit très-
bien par le moyen d'un rayon de soleil que l'on
introduit dans une chambre close et obscure.
On en voit d'autant plus que le soleil est plus
ardent; ils sont beaucoup moins nombreux en
hiver qu'en été.

66. Quant à la nature de cette poussière, on
ne sait rien de certain. Peut-être doit-on regarder cette poussière comme un mélange très-
fin de matière inerte et comme les germes très-
menus de différents animalculs, tels que des
œufs d'insectes, des graines de plantes et même
la poussière fécondante des étamines des fleurs.
En effet les naturalistes nous ont appris que
dans plusieurs endroits naissaient tout à coup
comme d'elles-mêmes différentes espèces d'animaux et de plantes dont on n'avait pas encore
aperçu les germes. Nous savons aussi que cer-

taines plantes à fleurs femelles sont fécondées et produisent des fruits, quoique les plantes à fleurs mâles soient très-éloignées et même séparées par de vastes étendues de mers. De toutes ces observations il paraît que les germes et les poussières fécondantes sont transportés dans l'air par les vents.

67. Au reste on prend souvent la nature sur le fait. C'est ainsi qu'on voit souvent voltiger dans l'air des graines à aigrettes, comme celles de laitue, de pissenlit, etc. , dont les enfants s'amusent quelquefois. On connaît beaucoup de graines revêtues de membranes minces ou ailées, comme celles des sapins, des ormes, etc. , qui paraissent faites ainsi tout exprès pour être soulevées par les vents et portées dans différentes contrées de la terre, pour y propager leur espèce. On peut même remarquer que la terre dans les forêts de pins et de sapins est couverte pendant la floraison d'une poussière très-fine et très-légère que les vents enlèvent en grande masse dans les airs et qu'ils transportent au loin dans les campagnes où le peuple l'a souvent prise pour une pluie de soufre. On voit aussi, quand les blés sont en fleurs, des poussières fécondantes suspendues, comme un nuage épais, au-dessus des champs, et il est prouvé que ce sont ces poussières jeaunes qui fécondent les fleurs femelles.

68. Il y a certains fusils que l'on appelle *fusils à vent,* qui sans poudre, mais avec de l'air accumulé et condensé, lancent des balles, et même plusieurs de suite les unes après les autres, à une très-grande distance et avec beaucoup de force. La pièce principale de ce fusil à vent est une crosse de métal, creuse et très-forte, munie d'une soupape au moyen de laquelle on introduit et l'on contient l'air. A cette crosse on adapte la canon du fusil. Alors l'élasticité de l'air comprimé agissant contre tous les parois intérieurs, la soupape reste fermée. Mais, si au moyen de la détente on ouvre la soupape pendant un très-court moment, il se précipite une certaine quantité d'air qui chasse la balle avec force. La soupape est de nouveau fermée par la pression de l'air qui reste dans la crosse; mais elle s'ouvre de nouveau, quand on presse la détente, et laisse échapper une nouvelle quantité d'air qui produit le même effet. On peut ainsi lancer trente et même quarante balles de suite. Mais à mesure qu'il sort de l'air, celui qui reste devient moins élastique, c'est pourquoi il ne reste aux dernières balles que très-peu de force.

69. Des effets analogues sont produits par toutes les armes à feu, où l'explosion de la poudre déploie dans un petit espace une grande

quantité de fluide aériforme qui, en se dilatant, chasse avec force le mobile qui s'oppose à son passage. Personne n'ignore que la vitesse d'un boulet est d'autant plus grande qu'il est resté plus long-tems exposé à l'action du fluide condensé, et c'est pour cela que plus le canon est long, plus le boulet va loin, car les pièces de rempart lancent beaucoup plus loin que les pièces de campagne, de même que *la portée d'un fusil* est plus grande que celle d'un pistolet. Cependant il faut une certaine borne, au-delà de laquelle le frottement diminue la vitesse et la détruit de plus en plus.

70. Les différentes espèces de machines soufflantes que nous employons ordinairement, ou dont on se sert dans les usines, sont construites d'après l'impénétrabilité et l'élasticité de l'air. On connaît la construction du SOUFLET ordinaire. Ce que nous appelons *l'ame du souflet* n'est autre chose qu'une soupape qui donne entrée à l'air et lui ferme la sortie, de sorte qu'il ne s'échappe que par son ajutage.

Il n'y a plus que les serruriers qui se servent encore de cette espèce de souflet, qui fut long-tems employé dans les usines avec quelques modifications. Dans la suite on leur a substitué les *souflets à pistons,* ou une espèce de pompe à air, qui demandent moins de force pour être mis en mouvement, de sorte que, au lieu de trois roues hydrauliques que l'on employait auparavant, pour mettre en mouvement les souflets, on peut maintenant n'en employer que deux.

71. Il est prouvé par beaucoup d'expériences connues que l'air est élastique. Mais la plus connue de toutes est celle dans laquelle on emploie la *fontaine de compression.* C'est un vase de métal de forme arrondie et qui a par en haut une ouverture par laquelle on le remplit d'eau jusqu'aux deux tiers. *On* visse à son ouverture un tube qui se prolonge dans le vase presque jusqu'au fond et dont la partie supérieure est garnie d'un robinet. On applique aussi à cette partie une pompe foulante, et, ouvrant le robinet, on injecte dans le vase beaucoup d'air. Cet air plus *léger que l'eau* s'élève sur sa surface et il y reçoit une force d'élasticité d'autant plus grande qu'il y est plus condensé par les coups répétés de piston. Bientôt, *fermant le robinet,* on enlève la pompe et on lui substitue un cône creux ouvert par son sommet. Si de nouveau on ouvre le robinet, l'air condensé déployant sa force sur la surface de l'eau force le liquide à jaillir au-dehors par le tube plongé dans l'eau et à s'élever à la hauteur de dix mètres, ou environ trente pieds, et quelquefois plus. C'est une nouvelle preuve de la pesanteur de l'air.

On obtiendra un effet analogue si, après avoir disposé un tube dans une bouteille bien bouchée, on soufle dedans.

72. On prouve par une expérience très-claire, mais qui ici serait déplacée, que l'air se comprime et se condense par son propre poids, et plus dans un lieu bas que dans un lieu élevé. Ainsi supposez pour un moment que la densité de l'atmosphère soit partout la même et considérez les effets de la pesanteur sur les différentes couches de ce fluide élastique, comme ceux qu'exercent les unes sur les autres différentes couches de laine cardée; vous comprendrez facilement que chaque couche pressée par les supérieures sera condensée, et qu'elle le sera d'autant moins qu'elle s'éloignera plus de la terre. Il en est de même de l'atmosphère. Mais on concevra pareillement que la partie inférieure de la colonne de l'atmosphère qui avoisine la surface de la terre, fait équilibre, par son élasticité, à la pression des parties supérieures. Ainsi si on renversait une coupe sur un plan bien uni, l'air qui y serait renfermé repousserait en haut le fond du vase avec autant de force que l'air extérieur le pousserait en bas, et l'on soulèverait le vase sans peine, ce qui s'accorde avec l'expérience. Mais si l'on tire de l'air intérieur plus ou moins, comme il arrive lorsqu'on fait le

vide avec la machine pneumatique, alors la pression de l'air intérieur ne faisant plus équilibre à l'air extérieur, le vase s'attachera au plan d'autant plus que le vide sera plus parfait. Delà il est facile d'expliquer le méchanisme des pompes à eau.

73. Les *hémisphères de Magdebourg* prouvent encore la pression et l'élasticité de l'air. Ce sont deux demi-sphères creuses et en cuivre, dont l'une est garnie d'un robinet. On approche ces demi-sphères l'une de l'autre, de manière à former une espèce de globe, en mettant entr'elles des anneaux de cuir mouillé, pour qu'il n'y ait pas la moindre communication entre l'air intérieur et l'air extérieur. Tout étant ainsi disposé, on sépare facilement les demi-sphères, parce que l'air intérieur presse autant que l'air extérieur. Mais si, ouvrant le robinet, on retire une grande partie de l'air intérieur, au moyen de la machine pneumatique, alors on ne pourra les séparer qu'avec les plus grands efforts; de sorte que, si leur diamètre était seulement de six pouces, on ne pourrait séparer la partie inférieure de la partie supérieure que par un poids de quatre cent trente-six livres, parce que la pression de l'air extérieur ne serait pas balancée par celle de l'air intérieur.

Les effets des *siphons,* dont se servent les

sommeliers, pour transvaser les liqueurs, des *fontaines de héron* et des *fontaines intermittentes*, des *entonnoirs magiques*, dont les charlatans font usage, ont tous leur cause dans la pression de l'air.

74. La chaleur augmente le volume de l'air. C'est pourquoi, si on soumet un vase à la chaleur, il perd une partie de l'air qu'il contenait. C'est ainsi qu'on transvase une liqueur, quand le goulot est trop étroit pour qu'on se serve d'un entonnoir. En chauffant le vase, on raréfie l'air qui y est renfermé, et de cette manière on en fait sortir une partie. Ensuite on plonge le goulot dans la liqueur; l'air intérieur étant condensé par le refroidissement, l'air extérieur force la liqueur à entrer dans le vase.

La chaleur augmente aussi l'élasticité de l'air, et d'autant plus, qu'il est soumis à une plus grande pression. C'est pourquoi l'air d'une chambre échauffée par un poële, quoique raréfié par la chaleur, égale cependant *la* pression de l'atmosphère, parce, tandis que la chaleur diminue la densité de l'air, elle augmente son élasticité, et l'augmentation de l'une compense la diminution de l'autre. C'est ce que prouve parfaitement le ballon qui fut inventé par Montgolfier et que l'on appelle pour cela *Montgolfière.*

75. L'AIR ATMOSPHÉRIQUE est un fluide, qui non-seulement est essentiel à l'entretien de la vie des hommes, mais qui encore y est le plus propre de tous les autres fluides. En effet, il est composé de trois parties d'une-mophète avec une seulement d'air pur ou vital. La première, si elle était seule, suffoquerait les animaux, et le dernier, s'il était pur, consumerait promptement la vie par sa trop grande chaleur, car il nous causerait une fièvre ardente ou une inflammation aux poumons. Il est donc nécessaire de respirer un air pur, mais il ne faut pas qu'il soit trop abondant. Il faut donc que sa force soit tempérée par un autre fluide, comme on tempère par l'eau les liqueurs spiritueuses. Or cet autre fluide est le gaz azotique, qui compose les trois quarts de l'air atmosphérique.

76. Il n'est pas étonnant qu'un animal, que l'on renferme sous le récipient de la machine pneumatique, périsse, quand on y fait le vide; on lui ôte le fluide, qui est le principe de la vie. Cependant tous les animaux ne perdent pas la vie dans le vide dans le même espace de tems; les uns y vivent plus long-tems, les autres moins. Ceux qui ont deux ventricules au cœur, tels que les hommes, les quadrupèdes, les oiseaux et probablement les cétacées, y périssent en peu de tems; ceux qui n'ont qu'un ventricule au cœur,

tels que les serpents et les poissons, vivent plusieurs heures dans le vide. Sans doute que les
premiers ont besoin d'une beaucoup plus grande quantité de calorique que les derniers,

77. Ce qui hâte la mort des animaux dans le
vide, ce n'est pas seulement la privation d'air,
mais encore la dilatation de celui qui est logé
dans les différentes cavités de leurs corps et dans
les pores des fluides. En effet, cet air, n'étant
plus pressé par l'atmosphère, se dilate par la
force de son ressort, et, ne trouvant aucune issue, il distend les parties qui le contiennent et
souvent les déchire. Plus d'une fois on a trouvé
des vaisseaux rompus dans *la* poitrine des animaux, qui étaient restés quelque tems dans le
vide. Il arrive même quelquefois que ces animaux aient des nausées dans le vide et qu'ils
évacuent des deux bouts, car l'air des *intestins*
étant dilaté chasse devant lui les aliments non
digérés et les excréments qui s'opposent à sa
sortie. *C'est par cette dilatation que se vide la*
vessie natatoire des poissons.

78. Les animaux qui passent leur vie dans
l'eau, ont besoin d'air comme les autres. En effet les poissons savent s'approprier celui qui est
disséminé dans l'eau, et souvent ils s'élancent
à la surface, pour en prendre du nouveau et en

plus grande quantité. Si quelquefois dans les étangs ils meurent sous la glace, il n'est pas douteux que cela n'arrive que par le manque d'air; car ils ne périssent pas, si on casse la glace en quelqu'endroit. Dans ce cas il n'est pas à craindre pour les animaux que l'air logé dans les cavités de leurs corps se dilate, parce qu'ils sont toujours exposés à la pression de l'atmosphère. On peut encore les rendre à la vie, quand ils n'ont pas été privés d'air pendant long-tems; il en est souvent ainsi des noyés ou de ceux qui ont été seulement asphyxiés.

79. L'air qui a servi quelque tems n'est plus propre à l'entretien de la vie. En effet, l'air pur, qui seul entretient la vie, se change dans la poitrine en gaz carbonique, qui est du genre de ceux qui suffoquent. C'est pourquoi, lorsque un grand nombre de personnes sont rassemblées dans un lieu étroit et trop exactement fermé, bientôt après on respire mal à son aise, si l'on ne donne entrée à un nouvel air. Il n'est pas rare aussi de se sentir la respiration gênée même dans des lieux vastes et ouverts, s'il s'y trouve une grande quantité de monde et de lumières; car chaque homme use une assez grande quantité d'air en peu de tems, et chaque lumière à peu près autant. Il est donc bon de renouveler, autant que possible, l'air que l'on respire.

Tous les corps ont besoin d'air, et surtout d'air pur, pour brûler, de sorte qu'ils ne prennent pas feu dans le vide, ou qu'ils s'y éteignent, s'ils sont embrasés. C'est pourquoi on arrête un feu de cheminée en bouchant le haut et le bas, pourvu que les murs puissent résister aux vapeurs qui s'accumulent.

80. L'expérience journalière nous apprend que l'air, ainsi que les solides et *les liquides*, est impénétrable. Cependant nous n'avons jamais vu ce fluide, car il est invisible, s'échapper des vases qui le contenaient, lorsqu'on y plongeait un autre corps. D'un autre côté, vivant sans cesse au milieu de lui, nous nous y sommes tellement familiarisés que nous ne faisons aucune attention à ses différentes propriétés, à moins que quelque circonstance n'excite notre curiosité. Par exemple, quand tenant un papier à la main, nous l'agitons çà et là dans l'air, il paraît toujours courbé dans le sens opposé au mouvement, *ce qui indique la résistance du fluide qui nous environne.*

Mettez du feu dans un verre, par exemple, une éponge trempée dans l'esprit de vin, et appliquez fortement le verre contre votre poitrine de manière que l'air extérieur ne puisse pas y entrer; bientôt le verre y sera attaché, parce que la pression de l'air intérieur ne sera plus équilibre à celle de l'air extérieur.

81. Lorsque dans une bouteille vide, comme on dit vulgairement, on essaie de verser de l'eau avec un entonnoir dont le canal tient tout le goulot, on entend un bruit occasionné par la sortie de l'air. Si on plonge dans l'eau cette bouteille, on voit l'air s'échapper à mesure que le liquide s'introduit, et traverser l'eau sous la forme de bulles.

Pour faire la même expérience d'une manière plus évidente, dans l'intérieur d'un baquet fixez horizontalement sur le côté une planche percée d'un trou, remplissez d'eau le baquet jusque par dessus la planche, puis, ayant plongé une cloche de verre dans le baquet et l'ayant ainsi remplie d'eau, conduisez-la doucement sur la planche, l'ouverture en bas au-dessus du trou. Tout étant ainsi disposé, qu'on plonge dans l'eau la bouteille en question, de manière que son goulot corresponde au trou de la planche; tandis que l'eau entrera dans la bouteille, l'air qui y était renfermé s'échappera et s'élèvera dans la cloche, d'où il chassera une partie du liquide qui y était suspendu.

82. Faut-il donc s'étonner que les fluides résistent aux corps qui les traversent? Ainsi c'est l'air qui empêche que tous les corps ne tombent d'un lieu élevé avec la même célérité; c'est l'air qui divise en gouttes l'eau qu'on jette du haut

d'une fenêtre, et qui fait que la pluie et la neige tombent en gouttes et en flocons, lesquels venant d'une région très-élevée nous frapperaient rudement, si le fluide de l'atmosphère ne leur faisait obstacle. D'ailleurs on prouve par le calcul qu'un boulet dans le vide serait lancé à dix-sept mille mètres, tandis qu'ordinairement il ne parvient qu'à quatre mille.

83. En quelque lieu que nous soyons, en quelque lieu que nous allions, sur les plus hautes montagnes ou dans des vallées profondes, partout nous rencontrons de l'air. La terre est donc entièrement entourée d'air, et c'est cet air que l'on appelle ATMOSPHÈRE TERRESTRE. Or l'atmosphère est véritablement un fluide mêlé de beaucoup de corps étrangers. Si cela ne nous était prouvé par plusieurs faits, il nous le serait par la raison. En effet, c'est une opinion généralement reçue que rien de ce qui existe ne peut s'anéantir, et cependant nous voyons tous les jours une multitude d'objets se dissiper et disparaître à nos yeux. S'ils ne passent pas dans l'air, que deviennent donc les liquides qui souvent s'évaporent jusqu'à siccité; toutes les particules qui frappent notre odorat, après avoir abandonné les corps qui les contiennent; toutes celles qui émanent des objets brûlés sous l'apparence de flamme ou de fumée? En un mot, il s'échappe de la terre et

des eaux, des animaux et des plantes des particules, qui passent dans l'air et forment un fluide chargé d'exhalaisons et de vapeurs.

84. Outre l'air atmosphérique, il y a plusieurs
autres gaz aériformes, c'est-à-dire, qui ont la
forme de l'air, savoir : les *gaz hydrogène, oxigène, azotique, acide carbonique,* etc., que
l'on peut obtenir de la manière que nous allons
enseigner.

Après avoir rempli une bouteille d'eau, bou-
chez-la exactement et faites passer à travers le
bouchon un entonnoir, de sorte qu'il n'y ait
aucune ouverture autre que le canal de l'entonnoir. Plongez cette bouteille tout à fait dans l'eau
d'un ruisseau bourbeux ou d'un étang, et ensuite
tenez-la renversée d'une main, de manière que
l'entonnoir soit dans l'eau, tandis que de l'autre
main vous agiterez un bâton que vous aurez
enfoncé dans la vase ; bientôt un grand nombre
de bulles, s'élevant de la vase dans l'entonnoir,
entreront dans la bouteille en en chassant une
pareille quantité d'eau. Lorsque vous verrez la
bouteille tout à fait vide d'eau, retirez l'entonnoir, en laissant toujours la bouteille dans l'eau,
et substituez-y un bouchon qui ferme bien ; vous
aurez une bouteille pleine de gaz hydrogène, que
vous transporterez où vous voudrez.

85. Vous en obtiendrez un autre de même genre, mais plus pur et plus léger, si vous faites passer de l'eau en vapeurs à travers un tube de porcelaine rempli de tournures de fer et maintenu à la chaleur rouge. L'oxigène de l'eau se porte sur le fer et forme avec lui un corps solide, noir et brillant, et l'hydrogène se dégage et se porte dans une bouteille disposée à cet effet, comme auparavant, avec un entonnoir, et plongée dans un baquet.

On prépare encore d'une autre manière le même gaz. On verse dans une bouteille munie d'un bec recourbé de la limaille de fer et par-dessus six parties de vitriol et autant d'eau, mesurant par le poids. De cette manière l'eau se décompose et il s'en dégage une grande quantité d'hydrogène. Ce moyen est celui qu'on emploie, pour se procurer l'hydrogène avec lequel on gonfle les ballons.

Il faut prendre garde dans ces expériences de ne pas approcher de ce gaz un corps enflammé, car il s'enflammerait lui-même et ferait éclater la bouteille avec fracas, et non sans danger pour les spectateurs.

86. Beaucoup de corps solides, liquides et aériformes contiennent le gaz oxigène comme partie constituante, et il y a plusieurs moyens de l'en extraire. Par exemple, faites chauffer dans

une cornue, donc le bec soit plongé dans l'eau, une poussière que l'on appelle *précipité per se* et qui est un mélange de mercure et d'oxigène, que l'on peut se procurer chez tous les pharmaciens. Laissant échapper les premières bulles, parce qu'elles ne sont que de l'air dilaté par la chaleur, vous recevrez les autres dans une bouteille disposée comme précédemment, et de cette manière vous aurez une grande quantité d'oxigène assez pur, et le mercure se montrera de nouveau sous la forme de métal. C'est ce gaz qui est la partie respirable de l'air et qui, mêlé avec l'hydrogène, forme l'eau.

87. Sur la surface d'un baquet rempli d'eau, mettez une capsule qui contienne du phosphore enflammé, et couvrez-la d'une cloche de verre pleine d'air; il se fait alors une vive combustion. Mais bientôt, le phosphore s'éteignant, l'eau monte dans la cloche où il n'y a plus que de l'azote avec un peu d'oxigène que l'on absorbe en y laissant du phosphore pendant quelques jours. Ensuite on transvase le gaz dans de petites bouteilles où l'on a laissé une très-petite quantité d'eau et l'on y joint de la potasse pure qui est soluble dans l'eau. Après que le tout a été agité pendant quelque tems, la potasse absorbe le phosphore que le gaz renferme, et l'on a de l'azote à peu près pur. C'est ce gaz qui, mêlé à

l'oxigène dans une certaine proportion, compose l'air atmosphérique.

88. Or, pour transvaser un gaz quelconque d'un vase dans un autre, plongez le vase qui le contient dans l'eau (ou dans le mercure, si le gaz est soluble dans l'eau, comme l'azote, l'acide carbonique, etc.), après avoir disposé au-dessus un autre vase avec un entonnoir, comme il a été dit plus haut.

Si vous voulez avoir du gaz acide carbonique, arrosez du marbre, ou une pierre de celles que l'on appelle calcaires, avec du vitriol, et recevez, comme précédemment, les bouteilles qui s'en élèveront.

On aura du gaz ammoniac, en mêlant du sel ammoniac avec de la chaux vive.

Nous passons sous silence tous les autres gāz, que l'on peut se procurer absolument de la même manière.

89. Le VENT n'est autre chose que l'atmosphère transportée dans différents sens par différentes causes. Mais la principale cause de ce mouvement de l'atmosphère est le soleil, dont la présence dilate l'air et dont l'absence le condense. En effet, l'air doit être regardé comme un fluide tel que l'eau, et l'atmosphère peut être comparée à un fleuve dont les eaux coulent en-

tre les piles d'un pont, ou dans un canal étroit,
et avec d'autant plus de rapidité qu'elles sont
plus resserrées. C'est pourquoi l'air qui est comprimé entre deux nuages ou dans les gorges des
montagnes, celui qui passe par une porte ou par
une fenêtre, est plus agité qu'en plein champ
dans son état de liberté. Nous n'ignorons pas
quels ravages les vents exercent quelquefois,
puisqu'ils brisent les arbres et les entraînent au
loin, puisqu'ils renversent les murs, causent
beaucoup de dommages aux maisons, frappent
souvent *de terreur les* marins les plus intrépides,
et engloutissent dans les eaux immenses de
l'océan le chef et l'espérance des familles,

90. Ces maux sont amplement compensés par
les avantages que nous *en retirons,* car ce sont
les vents qui dans les grandes villes substituent
un air sain à celui qui a été vitié par des éma-
nations nuisibles, qui transportent les nuages
dont les pluies arrosent et fécondent la terre,
qui font voyager une foule innombrable de graines à aigrettes ou ailées qui pendant l'automne
voltigent de toutes parts et entretiennent les richesses végétales. Le génie des hommes a trouvé
dans les vents cette force puissante qui pousse
les voiles des vaisseaux et les porte dans les lieux
où abondent les objets utiles au commerce ou à
l'histoire naturelle. Que de bras et d'efforts on

employait avant l'invention des moulins à vent pour moudre le blé, notre plus solide nourriture!

Les personnes qui ont essayé de mesurer la vitesse du vent, ont obtenu peu de succès, car les unes ont trouvé qu'il parcourait dix mètres pendant une pulsation du pouls ou une seconde, les autres vingt mètres, les autres trente.

91. Pendant le jour le soleil échauffe la terre, l'eau, l'air et tout ce qui est exposé à ses rayons. Après le coucher du soleil, ces corps se refroidissent, mais l'air plus promptement que ceux qui ont plus de densité; *de sorte que l'eau, la terre et la plupart des corps qui sont à sa surface conservent leur chaleur plus long-tems et en plus grande quantité, pendant la nuit, que l'air.* Alors la matière de la chaleur, qui, comme tous les autres fluides, se répand partout uniformément, passe de la terre et des eaux dans l'air, et convertit les très-petites particules d'eau, avec lesquelles *elle* est mêlée, en vapeurs qui, en raison de leur légèreté, s'élèvent dans l'air. Bien plus, s'insinuant dans les pores des corps, elle y dissout une portion d'eau plus ou moins grande. Toutes ces particules aqueuses se répandent dans la région de l'atmosphère la plus voisine de la terre, et forme cette humidité, qui paraît évidemment sur les habits, lorsqu'on se promène sur le soir, et que l'on appelle SEREIN.

92. Lorsque la terre est suffisamment échauffée pendant le jour, comme cela arrive ordinairement dans les pays et les tems chauds, ces
particules aqueuses s'élèvent de terre pendant
toute la nuit et restent suspendues pendant
quelque tems dans la basse région de l'air. Mais
au lever du soleil la chaleur renaît dans l'atmosphère, et ces particules aqueuses, abandonnées
par une partie de l'air qui se raréfie, retombent
à terre et sur tous les corps qui *sont à sa surface, et alors on l'appelle* ROSÉE. Il y a une espèce
de rosée qui ne retombe pas comme la première,
quoiqu'elle soit composée de matières semblables également émanées de la terre; mais au
lieu de passer immédiatement de la terre dans
l'air, elle enfile les troncs, les branches et les
feuilles des plantes et s'y réunit en gouttes. Si
vous voulez vous en assurer, couvrez le soir
avec une cloche de verre une plante quelconque, par exemple, une *laitue ou un* chou; le
matin vous verrez qu'elle est couverte de cette
rosée ascendante, de même que les plantes voisines, et la cloche elle-même sera couverte de
la rosée descendante.

93. Lorsque les nuits deviennent plus longues,
comme sur la fin de l'automne, la terre et tous
les corps qui sont à sa surface peuvent se refroidir assez pour que la rosée gèle. Delà viennent

ces petits glaçons très-menus et très-proches les
uns des autres, que l'on appelle GELÉE BLANCHE.
Pour la produire, il n'est pas nécessaire que la
terre, ni les corps terrestres, ni même l'air,
soit au degré de congélation, mais à peu de
chose près. En effet, la principale cause qui fait
geler ces petites gouttes de rosée, c'est qu'elles
se refroidissent par l'évaporation augmentée quelquefois par les premiers rayons du soleil. Souvent cette humidité, qui était encore rosée avant
le lever du soleil, devient gelée blanche peu à.
près que cet astre s'est élevé sur l'horizon. Alors
si le soleil brille d'un grand éclat, il cause le plus
grand dommage aux plantes et aux fruits ; car
plus l'évaporation est grande, plus le refroidissement est grand aussi.

94. Quelquefois il s'élève une grande quantité
de ces particules aqueuses qui sont mal dissoutes
par l'air ou qui se répandent sous la forme de
vapeurs grossières dans la basse région de l'atmosphère ; alors ces particules troublent la transparence de l'air et font les BROUILLARDS. Delà il
arrive qu'on voit plus fréquemment des brouillards dans les lieux bas et humides, dans les endroits marécageux et voisins des rivières ou des
étangs, que dans les lieux secs et élevés. Les
brouillards sont aussi moins fréquents dans les
pays et les tems chauds, que dans les froids. Si

l'air se refroidit, les brouillards gèlent et s'atta-
chent sous la forme de petits glaçons aux branches des arbres, aux habits, aux cheveux des
voyageurs, et ils s'appellent GIVRE. Le givre diffère de la gelée blanche en ce qu'il ne se forme
que quand l'air est au degré de la glace.

95. Lorsque les brouillards s'élèvent assez
haut dans l'atmosphère et qu'ils s'y réunissent,
soit par la condensation *de l'air,* soit par l'impulsion *des vents, etc.,* ils forment les NUAGES qui
flottent dans l'air. Les nuages étant composés
d'eau, ou réduite en vapeurs, ou dissoute par
l'air, il s'en forme plus au-dessus des mers et
des grands lacs, qu'au-dessus des terres et des
grandes îles. *C'est pourquoi le vent d'ouest,* qui
vient de l'océan, et *le vent du sud,* qui vient de
la méditerranée, nous amènent ordinairement
beaucoup de nuages.

Or, si les nuages sont condensés par les vents,
ou par l'air raréfié, ou par le défaut de calorique, les particules aqueuses dont ils sont formés
se réunissent en gouttes trop pesantes pour se
soutenir dans l'air; elles retombent et sont appe-
lées PLUIE. La pluie est plus grosse ou plus fine,
selon qu'elle tombe d'une contrée moins ou plus
élevée. Quand elle est très-fine, elle s'appelle
BRUINE.

96. Dans la région qu'habitent les nuages, il fait quelquefois si froid que les particules aqueuses des nuages y gèlent. Si elles sont saisies par le froid avant qu'elles soient réunies en gouttes, elles deviennent de petits glaçons qui, réunis plusieurs ensemble, tombent à terre en floccons très-légers, sous le nom de NEIGE. Mais si elles étaient déjà réunies en gouttes, *il en résulte* de petits globules de glace appelés GRÊLE. Souvent ils attirent à eux en tombant les gouttes de pluie qui les avoisinent et se grossissent au point d'égaler en grosseur quelquefois des noix ou même des œufs.

Ainsi le *serein* se forme des particules aqueuses qui s'élèvent de l'eau et de la terre dans l'air; la *rosée* se forme de ce serein, quand il tombe; la *gelée blanche* de cette rosée gelée; les *brouillards* d'un seréin trop abondant; le *givre* de ces brouillards gelés; les *nuages* des brouillards qui s'élèvent dans l'air; les *pluies* de ces nuages crevés; la *neige* des nuages gelés; et enfin la *grêle* de la pluie gelée.

97. Il existe un autre phénomène digne d'admiration, s'il ne produisait pas tant et de si grands maux, c'est la TROMBE. Elle est formée d'un nuage qui a le plus souvent la forme d'un cône renversé et qui est comme suspendu aux autres nuages par sa base. Lorsque la trombe

se forme au-dessus de la mer, l'eau qui lui est opposée s'élève sous la forme d'un autre cône qui a le même axe que le supérieur. L'eau qui sort avec impétuosité de tous les côtés de la trombe, et à laquelle se joint quelquefois beaucoup de grêle, est lancée au loin par les vents déchaînés autour d'elle. Ce météore cause des dommages affreux : il déracine les arbres les plus forts et les jette très-loin; s'il passe au-dessus d'une ville, il renverse les toits, les cheminées et les murs même des maisons, et force quelquefois les tiges de fer des girouettes. Les navigateurs, lorsqu'ils voient une trombe, s'efforcent de s'éloigner, de peur qu'elle ne tombe sur le vaisseau et ne le submerge tout à coup. Ce météore, plus rare sur terre que sur mer, paraît ordinairement dans les tems chauds et après un long calme.

98. L'air est toujours chargé de vapeurs, plus ou moins. Mais souvent elles ne sont pas visibles, comme cela arrive dans les chaleurs de l'été; alors les corps n'en sont point mouillés. Cependant tous les corps sont susceptibles, plus ou moins, d'attirer l'humidité de l'atmosphère. On peut s'en servir pour composer des HYGRO-MÈTRES, c'est-à-dire, des instruments qui servent à mesurer l'humidité de l'air. Ceux que l'on emploie surtout sont les cordes, les cheveux, etc.

Vous avez vu de petits capucins ou autres figures qui annoncent la pluie ou le beau tems (quoiqu'ils ne soient pas toujours exacts); la pièce principale de ces hygromètres est une corde à boyau qui tantôt se tord et tantôt se détord, selon qu'il règne moins ou plus d'humidité dans l'air, et qui donne le mouvement au capuchon ou au bras pour indiquer les différents degrés. Mais ils ne conservent pas toujours la même marche, ni leur propriété.

99. On emploie aussi d'autres hygromètres aussi simples que faciles à construire. On applique à une planche, ou à la muraille, ou à un cylindre, une corde à boyau assez longue et à laquelle on fait faire beaucoup de sinuosités, pour occuper moins de place; un petit poids suspendu à l'une de ses extrémités, ou une aiguille mobile, indique ses différents degrés d'alongement. Mais rien n'est plus propre à cet usage qu'un cheveu dégraissé. On divise ordinairement en cent parties l'espace qui sépare l'extrême humidité de l'extrême sécheresse.

On a essayé aussi de mesurer l'humidité de l'air par l'augmentation de poids de certains corps, tels que de floccons de laine, ou de quelques sels, qui absorbent l'humidité de l'air. Ces espèces d'hygromètres étaient non seulement très-imparfaits, mais encore sujets à perdre leur propriété en peu de tems.

100. La vibration d'un corps sonore, lorsqu'un autre le frappe, communiquée au fluide environnant et transmise jusqu'aux oreilles, fait le son. Or, on appelle corps *sonores* ceux dont les sons sont distincts, comparables entr'eux, et qui durent quelque tems, tels que les cloches, les cordes des instruments de musique, etc. , et non ceux dont le son est confus, tels que celui d'une pierre qu'on jette sur le pavé. Supposons qu'on frappe une cloche; ses particules par leur élasticité se meuvent avec beaucoup de vitesse d'un mouvement tremblottant et ondulé, ce que vous reconnaîtrez et sentirez facilement en posant légèrement le doigt dessus. Pour bien comprendre ceci, il faut concevoir une cloche comme composée de beaucoup de zones circulaires qui se touchent, et dont chacune doit être regardée comme un anneau plat formé d'autant de cercles concentriques qu'il peut y en avoir dans son épaisseur. Si on fait cesser les vibrations par le contact d'un autre corps, le son cesse aussi tout à coup. C'est pourquoi les horlogers mettent sous le marteau qui frappe le timbre de l'horloge, un ressort qui le relève aussitôt qu'il a frappé et empêche qu'il ne touche plus longtems.

101. Le mouvement des corps éloignés de nous n'affecte nos sens que parce qu'il est reçu et

communiqué par l'air interposé, et plus l'air est dense, plus le son est fort et se fait entendre au loin. C'est ce que prouve l'expérience suivante. Soit un petit timbre que frappe un marteau par un méchanisme quelconque : qu'on le pose sous le récipient de la machine pneumatique et qu'on en retire l'air ; le son diminue en même tems que l'air, et il devient même nul, quand l'air est entièrement ôté, quoique *le timbre* soit encore frappé par le marteau. Au contraire, si vous augmentez l'élasticité de l'air dans le récipient, soit par la chaleur, soit par la compression, le son augmente aussi. Tout le *monde sait que le son produit par une* explosion de pistolet est plus fort dans les parties basses de l'atmosphère que sur les montagnes élevées, où l'air est moins dense.

102. Le son parcourt l'air à la manière des ondes. C'est pourquoi s'il se présente une colline, il franchit par-dessus la face *qui lui* est opposée et passe sur l'autre. Il frappe les murs mêmes d'un mouvement d'ondulation qui est rendu à l'air des maisons et ensuite aux oreilles, et avec d'autant plus de force que les corps frappés sont plus propres à la vibration. En effet, la voix est plus forte dans un appartement vide que dans celui qui est orné de meubles, ou de draperies, ou de tapisseries. S'il passe un tambour,

les croisées des maisons sont mises en vibration et l'on entend un grand bruit dans l'intérieur des maisons. Il est moins fort, quand les contrevents sont fermés ou garnis d'épais rideaux. Je connais à Paris quelques personnes dont les contrevents sont garnis de coussins, de peur que le bruit de dehors ne trouble leur sommeil.

193. Les tubes portent au loin le son et le rendent toujours le même, et quelquefois plus fort; delà viennent les *porte-voix*. Dans certains édifices où les angles des murs se prolongent jusque dans la voûte, le son se transmet à peu près de même, de sorte que deux personnes placées à deux angles opposés peuvent faire une conversation à voix basse. Ici l'angle produit le même effet qu'un tube.

On n'entend pas le son aussitôt qu'il est produit, et il faut un certain tems pour qu'il parvienne jusqu'aux oreilles. En effet, si vous voyez de loin tirer un coup de fusil, ce n'est qu'un peu après avoir vu la lumière que vous entendrez le bruit, parce que la lumière vient beaucoup plus promptement que le son. C'est ainsi qu'on a évalué que le son parcourt trois cent trente-sept mètres par chaque battement de pouls, tandis que la lumière parcourt soixante-douze mille quatre cent vingt lieues pendant le même tems, car elle ne met que huit minutes pour venir du soleil jusqu'à nous.

104. Si le son rencontre quelqu'obstacle, il est réfléchi en faisant un angle d'incidence égal à l'angle de réflexion; et c'est de-là que se forment les *échos*. Il faut donc que la voix rencontre un obstacle perpendiculaire, pour que celui qui parle entende l'écho. Et, si la voix est réfléchie au même point par plusieurs obstacles différemment éloignés, l'écho répétera la même chose plusieurs fois de suite. *Il n'y a point d'é*cho en plaine, ni sur mer; mais il y en beaucoup dans les forêts, dans les vallées, près des rochers et des montagnes. Parmi les plus célèbres on cite l'écho du parc de Woodstock en Angleterre, lequel *répète dix-sept syllabes;* l'écho de Simonetta en Italie, où le son est répété quarante fois; l'écho de Verdun, où la voix est répétée douze fois; un autre près de Rouen, qui renvoie le son de plusieurs manières différentes.

105. L'organe de la *voix* n'existe que dans les mammifères, dans les oiseaux et les reptiles; car *il faut bien distinguer la voix d'un certain* bruissement que font quelques espèces de poissons et d'insectes, par le frottement mutuel de quelques parties de leur corps. C'est l'air renfermé dans les cavités de la poitrine qui produit la voix. En effet, chassé par les muscles de l'expiration, cet air arrive au nœud de la gorge et passe entre deux membranes tendues. C'est là

que se forment les sons qui sont ensuite modi-
fiés par les cavités de la bouche et des narines.
La prononciation dépend de la mobilité de la
langue et des lèvres, et cette mobilité ne se
trouve au plus haut degré que dans l'homme.
La voix qui sort des cavités du nez est plus agréable que celle de la bouche, puisqu'elle est sourde
et désagréable, lorsqu'on est enrhumé du cer-
veau, où lorsqu'on a le nez bouché. C'est donc
par une erreur populaire que l'on dit alors *parler du nez,* parce que la voix n'est désagréable
que parce qu'elle *ne sort pas du nez.*

106. Depuis plusieurs années on parle beaucoup des *ventriloques.* Il y en a quelques-uns,
il est vrai, qui paraissent produire des illusions
tout à fait surprenantes. Mais on a fait courir à
ce sujet *les fables les plus absurdes,* et le mot
de ventriloques est lui-même absurde, car il est
impossible, de quelque manière que ce soit, que
la voix sorte du ventre, et si cela était, elle ne
produirait pas des effets aussi merveilleux. Les
ventriloques ont le gosier extrêmement mobile,
soit naturellement, soit par un long exercice;
car plusieurs se sont accoutumés dès leur bas
âge à imiter les différentes modifications des
sons qu'ils entendent, et par conséquent le son
d'une voix qui sort d'une cave, d'un buisson,
d'un grenier, d'un clocher, etc.

107. Ce que l'on appelle ordinairement FEU, n'est rien autre chose qu'un corps enflammé, dont les parties se décomposent et s'évaporent en fumée, en flamme, en vapeurs, etc. Pour le physicien cet embrâsement n'est que l'effet d'une cause, qui a long-tems échappé à toutes les recherches, et dont on peut dire que nous avons maintenant plus de connaissance. On s'accorde donc maintenant à croire que la cause de l'embrâsement est une véritable matière, qui a besoin d'être excitée pour agir. Mais comme la matière qui fait que les corps brûlent, peut éclairer, et que celle qui les rend visibles, peut enflammer, ce n'est pas sans raison que nous pensons que le feu et la lumière ont le même principe, et que c'est la même matière sous différentes modifications. Cette matière, comme principe de l'embrâsement, s'appelle *calorique,* et comme principe de la clarté, elle se nomme *lumière.*

108. Le principe du feu est regardé comme un fluide *très-subtil, très-rare, très-élastique,* sans pesanteur, répandu dans tout l'univers, pénétrant les corps avec plus ou moins de facilité, cherchant à se répandre uniformément, pourvu qu'il soit en état de liberté, et appelé tantôt *principe inflammable,* tantôt *principe du feu,* tantôt *matière de la chaleur,* et plus récemment *calorique.* Ce fluide pénètre tous les corps, même

les plus durs. Il se combine avec plusieurs et cherche à se répandre uniformément dans tous. Seul il échauffe les corps, mais ne les embrâse pas ; il a besoin pour cela d'un autre fluide, c'est-à-dire, de l'air pur. Ces fluides qui concourent au même but ne suffisent même pas, s'ils ne sont excités d'une certaine manière que les hommes seuls connaissent.

109. La matière de la chaleur est d'une nature fixe, qui n'est sujette à aucun changement, et tellement fluide, qu'elle paraît toujours telle, à moins qu'elle ne soit combinée avec d'autres corps ; bien plus, elle est la principale cause de la fluidité des corps. C'est son action qui décompose et divise leurs parties, qui leur donne cette mobilité qui leur est propre et au moyen de laquelle les parties n'adhérant plus les unes aux autres, deviennent liquides. Lorsque cette action se ralentit, ou lorsqu'elle n'existe plus, les parties se rapprochent, se resserrent, se lient, et reprennent la consistance qu'elles avaient perdue. Quelques-uns même pensent que la matière de la chaleur est la seule qui soit fluide de sa nature, et que sans elle, toutes les autres matières se lieraient ensemble et ne feraient qu'un seul et même tout.

110. La matière de la chaleur peut pénétrer

les corps même les plus durs; rien ne lui résiste, et elle résiste à tout. Elle peut être regardée
comme un dissolvant universel, propriété qui la
distingue éminemment de toutes les autres matières. La matière de la chaleur est présente
partout; tous les corps en sont, pour ainsi dire,
imbibés. Elle se trouve dans la terre que nous
habitons, dans l'air que nous respirons, dans les
aliments dont nous nous nourrissons, et dans
nous-mêmes; elle est partout. Et quoiqu'elle
puisse tout détruire et tout consumer, comme
elle a trop peu d'action par elle-même pour enflammer, loin de nous être nuisible, elle entretient la vie, puisqu'elle fait partie du fluide que
nous respirons et qu'elle en est presque l'unique
partie propre à l'entretien de la vie.

111. On augmente l'action du feu de trois
manières : 1° par le choc ou le frottement mutuel des corps, 2° par la fermentation et l'effervescence, 3° par la réunion d'un grand nombre
de rayons solaires. Le plus souvent, pour augmenter l'action du feu, on choque ou l'on frotte
deux corps l'un contre l'autre, par exemple, un
briquet contre un caillou. Il n'y a point de solide qui de cette manière ne s'échauffe pour le
moins, et il y en a peu dont la chaleur ainsi excitée ne puisse augmenter au point de s'enflammer. Les corps les plus tenaces et les plus

élastiques sont ceux qui jouissent le plus éminemment de cette propriété. Lorsqu'on frotte
l'un contre l'autre deux morceaux de bois, ceux
qui sont les plus durs et les plus secs sont ceux
qui s'enflamment plus facilement. Si vous vous
laissez glisser le long d'une corde, le frottement
vous fait venir dans les mains des empoulles,
comme si vous aviez empoigné un fer rouge.

112. Personne n'ignore que les chariots trop
chargés s'enflamment quelquefois par le frottement de l'axe contre le moyeu. C'est pour empêcher l'incendie qu'occasionnerait certainement le frottement de la meule contre les bois
environnants, que l'on dispose dans les moulins
une sonnette, pour avertir le garçon qu'il n'y a
plus rien dans la trémie. Les Indiens et d'autres
peuples allument souvent leur feu en frottant
l'un contre l'autre deux morceaux de bois secs.
Comprimez l'air avec un piston, il en sortira
assez de chaleur pour allumer tout à coup un
morceau d'amadou placé au fond du piston.
C'est sur cette propriété qu'est fondée la construction de ces petits briquets à pompe que l'on
appelle *pneumatiques,* et qui maintenant sont
avantageusement remplacés par d'autres d'un
genre différent, surtout par les *briquets à oxigène.*

113. La fermentation et l'effervescence ne peuvent avoir lieu sans qu'il en résulte une chaleur qui va quelquefois jusqu'à l'embrâsement. Si on combine ensemble deux corps qui se pénètrent naturellement l'un l'autre, et qui envahissent mutuellement leurs pores, il en résultera de l'effervescence et ensuite de la chaleur. Nous savons par expérience que l'effervescence n'est autre chose qu'une pénétration mutuelle des corps; car leur volume est moins grand après le mélange qu'auparavant. Mêlez un litre d'eau avec autant d'esprit de vin, un vase de la contenance de deux litres ne sera pas rempli par le mélange; les corps pénètrent donc dans les pores les uns des autres. L'effet de la putréfaction est le même que celui de la fermentation. En effet, tous les corps s'échauffent lorsque, mêlés au principe de l'air pur, ils se putréfient. C'est ainsi que le foin un peu humide fermente dans le grenier et peut s'échauffer au point de s'enflammer et de causer un incendie.

114. Les rayons du soleil échauffent tous les corps sur lesquels ils tombent. Or ces rayons sont certainement composés de la matière de la chaleur mise en mouvement et excitée par le soleil, laquelle s'insinue entre les particules des corps et y ajoute une nouvelle matière à la première; de là le degré de chaleur que nous sen-

tons. Il est cependant beaucoup trop faible pour enflammer; car jamais aucun corps n'a pris feu pour avoir été seulement échauffé par les rayons du soleil. Mais lorsque des corps fondants ou combustibles sont exposés à un grand nombre de rayons réunis, ils se liquefient ou se consument, ce qui se fait de plusieurs manières. Par exemple, si on reçoit sur beaucoup de miroirs plans les rayons solaires et si on les dirige vers un même corps, il s'échauffera d'autant plus qu'il recevra plus de rayons.

115. Présentez un miroir concave aux rayons solaires, de manière que, autant que possible, la surface plane du miroir soit perpendiculaire aux rayons incidents; vous verrez au-devant de ce miroir un cône de lumière vive, dont nous expliquerons bientôt la cause, en parlant de l'optique. Si on place quelque corps au sommet de ce cône lumineux, ce que l'on appelle le foyer du miroir, il se liquefie, s'enflamme, se calcine ou se vitrefie très-promptement, selon sa nature. En effet la surface de ce miroir concave est composée comme de petits miroirs plans, dont chacun réfléchit les rayons solaires au même lieu. Le nombre de ces rayons est d'autant plus grand que la surface est plus étendue et qu'elle a plus de diamètre.

116. Si vous présentez une lentille de verre convexe aux rayons solaires, de manière que son axe prolongé soit parallèle aux rayons incidents, ou à peu près, vous verrez derrière la lentille un cône de lumière vivé, dont nous expliquerons la cause dans la dioptrique. Mettez au sommet de ce cône, ou au foyer de la lentille, quelque corps; la même chose aura lieu qu'au foyer du miroir concave, d'où l'on voit clairement que les rayons du soleil produisent, de quelque manière qu'on les réunisse, une chaleur d'autant plus active qu'ils sont plus nombreux et réunis dans un plus petit espace. La même propriété est commune à tous les corps qui sont à la fois lenticulaires et transparents, à la glace, par exemple, et même à une liqueur très-brillante et lenticulaire, telle que les gouttes de rosée. C'est pourquoi les bourgeons des vignes tout couverts de rosée dans le mois de mai sont brûlés quelquefois par les premiers rayons solaires, ce que, par une erreur populaire, l'on appelle ordinairement *gelée*.

Certains miroirs faits de plâtre, de carton, de paille ont produit des foyers ardents.

Mais la chaleur la plus active est celle que l'on produit en soufflant de l'air vital sur le feu, ce que nous pourrions avec raison appeler un quatrième moyen d'allumer le feu.

117. Il y a deux manières d'augmenter l'ardeur du feu dans les corps. D'abord il produit un léger mouvement dans les parties intérieures, ce qui, en augmentant la chaleur, sépare les unes des autres les molécules du corps échauffé; en effet, le volume augmente. Ainsi un corps, auquel on communique de la chaleur, devient plus chaud et plus gros; tel est, par exemple, un morceau de métal ou une pierre, que l'on expose au feu ou aux rayons du soleil. En second lieu l'ardeur du feu agite tellement la matière propre du corps échauffé, qu'elle dissout ses parties, les détache souvent et les dissipe, comme il arrive lorsqu'on met du bois sur des charbons ardents.

118. Lorsque la chaleur se communique seulement d'un corps à un autre, tout paraît conforme aux lois connues : la chaleur qui est donnée à un corps est perdue par l'autre, jusqu'à ce qu'elle soit répartie également de part et d'autre. Mais il n'en est pas ainsi, lorsque la chaleur vient jusqu'à l'embrâsement; car alors l'action du feu augmente d'autant plus qu'il embrâse une plus grande quantité de matière. Les corps ne s'enflamment point, s'ils ne sont combinés avec de l'air pur; car c'est dans la combinaison de ce principe de l'air, appelé oxigène, avec le corps combustible, que consiste toute la

combustion des corps. Mais l'air pur contient
une grande quantité de calorique combiné avec
sa base ou l'oxigène, lequel calorique se dégage
dans la combinaison de l'oxigène avec le corps
qui brûle, et se réunit à celui qui avait d'abord
causé l'embrâsement. C'est de là que vient l'augmentation de chaleur et le mouvement d'un
plus grand nombre de molécules qui doivent
se combiner avec l'oxigène de l'air, lequel se
renouvelle sans cesse.

119. Le feu agit sur les corps de trois manières : 1° il les raréfie; 2° il réduit les corps
en fluide; 3° il convertit les fluides en vapeurs.

Lorsqu'un corps est exposé au calorique, sa
masse se raréfie et son volume augmente. Prenez un globe de verre mince surmonté d'un tube, emplissez-le de liqueur en partie et plongez-
le dans l'eau presque bouillante, la liqueur du
tube descendra d'abord, le verre se raréfiant;
mais bientôt, étant elle-même raréfiée, elle
montera dans le tube et surpassera sa première
hauteur. C'est pourquoi, qu'on prenne une lame de fer percée d'un trou auquel soit adapté
un bouchon de fer; si l'on approche du trou ce
bouchon raréfié par le feu, il ne pourra plus y
entrer. Qu'on prenne aussi une vessie presque
pleine d'air froid et bien fermée, et qu'on l'approche du feu; elle s'enflera considérablement.

120. Dans les horloges, la verge de fer que soutient le pendule, se dilate ou se condense, selon la température, et devient plus longue ou plus courte. C'est ce qui retarde ou accélère les oscillations et cause dans l'indication des heures des inégalités, que sont cependant parvenus à corriger en même tems deux horlogers célèbres, Julien le Roi à Paris et Ellicor à Londres. En effet, les heures retardent en été, parce que le pendule s'allonge, et elles avancent en hiver, parce que le pendule se raccourcit. On a aussi employé *les* corps dilatés par la chaleur pour produire de grands efforts, par exemple, pour marquer les pièces de monnaie. Pour cela, on disposait une barre de fer entre deux murs très-résistants, et la face de la pièce, ainsi que les poinçons, entre une extrémité de la barre et le mur. La barre étant ensuite chauffée à rouge par le feu s'étendait, et les poinçons s'imprimaient sur la pièce de monnaie.

121. Les corps peuvent même rompre quelquefois, lorsqu'ils sont resserrés par le froid. Cela arrive de tems en tems dans les grilles de fer, lorsque l'hiver est bien dur. Car, si ces grilles ont été posées pendant les grandes chaleurs de l'été, lorsqu'elles étaient dilatées, et si on les a fixées solidement dans les murs, lorsque l'hiver est arrivé, elles se resserrent et font effort

pour rapprocher les deux murs, qui, s'ils sont très-résistants, pourront reporter la force de la contraction sur les particules de la barre et en faire disjoindre les parties. Le moyen d'éviter cet accident, c'est d'avoir soin de faire fixer la grille seulement à une extrémité, de manière qu'elle soit libre à l'autre bout. Si au contraire on place ces grilles pendant les grands froids de l'hiver, lorsqu'elles sont resserrées, quand les chaleurs de l'été seront arrivées, les grilles s'allongeront et pourront se courber.

122. Tout le monde sait que les vases de verre et la poterie, qui sont de mauvais conducteurs de la chaleur, se cassent souvent en passant tout à coup d'une température à une autre bien différente. En effet, les vases sont composés pour la plupart de parties épaisses et minces, de sorte que, si les dernières se dilatent plus vite que les premières, il se fait un tiraillement dans les parties, ce qui occasionne la rupture. Ainsi supposons un vase également épais de toutes parts; si la chaleur se dirige vers un même point, le vase se dilatera seulement à cet endroit et cassera. Il faut donc toujours choisir, pour les vases de verre, ceux qui sont les plus minces et d'une épaisseur égale partout; pour les vases de poterie, ceux qui sont les plus poreux.

123. Lorsque, pour chauffer du liquide, on met la partie inférieure du vase qui le contient sur un foyer ardent, les particules du liquide qui adhèrent au fond du vase s'échauffent les premières et se dilatent, et, devenant spécifiquement plus légères, s'élèvent sur la surface et sont remplacées par de plus froides qui arrivent de la partie la plus élevée. Lorsqu'il y a continuité de chaleur, il se fait dans la masse du liquide un mouvement de circulation qui porte le calorique dans toutes les parties. Ce mouvement vous paraîtra plus manifeste, si vous jetez dans le liquide de petits corps d'une pesanteur spécifique à peu près égale; car vous les verrez agités avec plus ou moins de vitesse, et aller, les uns de bas en haut, les autres de haut en bas. D'où l'on conclut que la partie la plus chaude du liquide se porte toujours à la surface.

124. Dans les appartements où l'on allume du feu, l'air le plus chaud occupe la partie supérieure, parce qu'il est plus léger. Et si l'air froid peut entrer par quelqu'endroit, il s'établit alors dans l'appartement deux courants opposés, l'un d'air froid dans la partie inférieure, l'autre d'air chaud dans la partie supérieure; le premier se dirige vers le foyer, le second dehors. Souvent quand nous sommes auprès du feu, nous sentons sur les jambes un air froid qui se

glisse par-dessous les portes, et c'est pour l'éviter
que l'on met derrière soi des paravents. Il vous
sera facile de remarquer ces deux courants en
sens contraires, si vous mettez une bougie allu-
mée sur le plancher, et une autre dans la partie
supérieure; vous verrez les deux flammes agi-
tées dans un sens opposé. Auprès du tuyau d'un
poële il y a toujours un courant d'air dilaté, et
c'est lui qui, frappant les spirales de papier que
les enfants suspendent au tuyau avec un fil de
fer, les fait tourner.

125. On a construit avec des métaux solides
différentes espèces de thermomètres, dont le
plus simple est formé d'une lamme de laiton
appliquée sur une lame de verre. Le métal, en
s'allongeant ou diminuant, fait mouvoir une aiguille, dont une extrémité décrit de grands arcs
de cercle et indique les degrés sur une échelle
circulaire. Depuis quelques années, Breguet, célèbre *horloger de Paris*, a construit une espèce
de thermomètre métallique extrêmement ingé-
nieux et qui serait d'une grande utilité et d'un
grand usage, s'il n'y avait encore quelques légers défauts. Ce thermomètre indique à l'ins-
tant même les changements de température,
même les plus légers. D'ailleurs ces thermomètres sont portatifs; car il y en a qui ont à peine
la grandeur d'un écu de cinq francs, quelques-

uns même de la grandeur d'une pièce de dix sous.

126. Lorsque les parties d'un corps sont arrivées au dernier degré de raréfaction et qu'elles adhèrent encore les unes aux autres, si la chaleur continue d'agir, ce corps fond ou se change en liquide, plus ou moins promptement, selon la nature du corps échauffé et selon l'activité du feu. C'est ce qui arrive à l'égard du beurre, de la cire, des métaux, etc., lorsqu'on les chauffe suffisamment; ils passent de l'état de solidité à celui de liquidité. C'est ainsi que les cailloux se calcinent; ils se changent en une poussière impalpable, et de solides qu'ils étaient d'abord, ils passent bientôt à l'état de liquidité.

Les métaux mélangés fondent plus facilement ou avec moins de chaleur. C'est de ces mélanges de métaux que l'on compose les fortes soudures.

127. La matière liquéfiée par la chaleur s'échauffe de plus en plus jusqu'à l'ébullition, si elle est de nature à bouillir. Ensuite sa chaleur n'augmente plus, quelque long-tems qu'on la laisse bouillir: mais elle se change en vapeurs d'autant plus facilement qu'elle est moins soumise à la pression de l'air. Dans le vide, l'eau se convertit en vapeurs avec la moindre chaleur.

Ce qui cause l'ébullition des liquides, c'est qu'une portion de ce liquide est soulevée par de grosses bulles de fluide transparent qui se succèdent rapidement, en traversant le liquide du bas en haut. Or, qu'est-ce que c'est que ce fluide? Est-ce la matière de la chaleur? Il est certain que *les liquides ne peuvent bouillir sans chaleur, et il ne l'est pas moins que ce n'est pas la seule matière de la chaleur qui cause l'ébullition,* puisque certains corps ne peuvent jamais bouillir, quelque long-tems qu'on les chauffe. Il faut donc que ces bulles soient composées d'un autre fluide, *et que ce fluide soit* produit par une partie du liquide réduit en vapeurs.

128. Nous ne connaissons pas de corps d'un froid absolu; ce corps, s'il en existait un, ne contiendrait point du tout de calorique libre, et c'est ce qu'on n'a jamais trouvé. Nous ne connaissons point de degré de froid ; le froid consiste seulement *dans une moindre chaleur.* Tel corps, qui paraît froid pour quelqu'un, peut paraître chaud pour un autre. Nous disons que nos caves sont froides en été et chaudes en hiver, quoiqu'elles conservent à peu près toujours la même température dans toutes les saisons ; cela vient de ce que nous entrons dans ces lieux souterrains, en quittant un air froid pendant l'hiver, et un air chaud pendant l'été. Il peut même

arriver que la même personne trouve le même objet chaud et froid en même tems. Pour vous en convaincre, faites-bien chauffer une de vos mains, et faites refroidir l'autre; plongez-les ensemble dans un seau d'eau sortant du puits: la main froide trouvera l'eau chaude, et la chaude la trouvera froide.

129. Le calorique, qui sort en rayons d'un foyer de chaleur, est réfléchi à la surface des corps polis, en faisant l'angle de réflexion égal à l'angle d'incidence. Pour le prouver, qu'on prenne un miroir plan et qu'on place vis-à-vis un tube de tôle dans lequel il y ait des charbons allumés; que l'on détermine la direction présumée du rayon réfléchi, et, faisant avec une ligne imaginaire l'angle de réflexion, que l'on mette sur cette ligne un thermomètre; alors on verra clairement l'instrument monter tout à coup de plusieurs degrés, tandis qu'un autre semblable, placé hors de cette direction, restera continuellement stationnaire.

130. On fait aussi la même expérience d'une autre manière: mettez vis-à-vis un miroir concave un corps enflammé; les rayons calorifiques sortis du corps se réfléchiront sur le miroir et iront de là tous se couper en un point, que l'on appelle foyer du miroir, de sorte que si l'on

met en cet endroit quelque corps combustible, par exemple, de l'amadoue, elle s'enflammera très-promptement, tandis qu'il n'arriverait rien de semblable, si l'on mettait l'amadoue ailleurs et même plus près du miroir.

Que l'on dispose deux miroirs concaves opposés l'un à l'autre, à la distance de quatre mètres; que l'on mette au foyer de l'un un thermomètre, et au foyer de l'autre un boulet qui, après avoir été chauffé à rouge, se soit refroidi jusqu'à ne plus donner de lumière dans les ténèbres; alors le thermomètre montera jusqu'au *dixième* ou *douzième degré* en *six* minutes, tandis qu'un autre placé ailleurs, hors des foyers des miroirs, montera à peine de deux degrés. On peut substituer au boulet une bouteille pleine d'eau bouillante.

151. Si au boulet on substitue un vase rempli de glace, le thermomètre descend aussitôt. Delà quelques physiciens ont pensé qu'il existait des rayons frigorifiques qui étaient réfléchis sur le thermomètre; mais il est facile de concevoir qu'il se passe ici la même chose que dans l'expérience précédente; seulement, le thermomètre ici étant le plus chaud, il perd de son calorique, jusqu'à ce que la température soit en équilibre.

Lorsque les rayons calorifiques, au lieu de

tomber sur une surface polie, tombent sur une surface terne, ils sont absorbés pour la plupart. Que l'on enduise de noir de fumée le miroir dont nous avons parlé plus haut; il s'échauffera alors considérablement, et le thermomètre très-peu. En général les corps dont la surface est raboteuse et mal polie, ou d'une couleur foncée, s'échauffent plus promptement que ceux qui sont blancs et qui brillent.

132. Que l'on couvre de la neige avec un morceau de drap blanc, et ailleurs avec un morceau de drap noir; elle ne fondra pas sous le blanc, parce que les rayons calorifiques seront réfléchis; mais il n'en sera pas ainsi sous le noir, parce qu'ils seront absorbés. Les montagnards de Chamouni en Suisse ont coutume de répandre de la terre noire sur la neige pour en hâter la fonte et avancer le tems de labourer et de semer.

Les habits noirs sont chauds au soleil, parce qu'ils absorbent la chaleur et la communiquent au corps; mais ils sont froids à l'ombre, parce qu'ils enlèvent au corps de son calorique qu'ils transportent dans l'air et dans tous les corps environnants. Les habits blancs conviennent donc pour aller au soleil pendant l'été, et pour aller à l'ombre pendant l'hiver.

Il convient aussi de garnir l'intérieur d'une

cheminée de fayence blanche, pour que le calorique soit réfléchi dans les appartements, et non de noire, comme on le fait quelquefois. Si vous voulez échauffer un appartement avec un poële, tenez sa surface noire et terne.

133. La physique n'offre rien qui soit plus digne de notre étude que la LUMIÈRE, soit à cause de la beauté de ses phénomènes, soit à cause de leur nombre. Nous recevons tant de services de la lumière, qu'ils suffisent pour nous engager à rechercher ses propriétés. En effet, l'air étant le véhicule de *la parole, établit un* commerce de pensées entre nous et nos semblables ; mais la lumière, augmentant beaucoup le prix de ce commerce, nous rend présentes leurs images qui ont elles-mêmes tant et de si belles choses à nous dire. Bien plus, ce n'est que par le secours de la lumière que nous parvenons à voir non-seulement ces globes si éloignés qui brillent au-dessus de nos *têtes, mais encore cette* foule de petits êtres qui par leur extrême ténuité ont long-tems échappé à nos regards.

134. Ce que nous avons à dire de la lumière se divise ordinairement en trois parties : *l'optique,* proprement dite, qui est la science de la lumière dirigée en ligne droite ; la *dioptrique,* qui traite de la lumière réfractée ; la *catoptrique,* qui traite de la lumière réfléchie.

Quant à la manière dont la lumière nous est transmise, nous l'ignorons.

Descartes (Cartesius), pour expliquer les phénomènes de la lumière, admet l'existence d'une matière extrêmement subtile, répandue dans tout l'univers, pénétrant tous les corps avec la plus grande facilité et dont on ne peut par conséquent purger aucun vase, et l'on a donné à ce fluide le nom d'*éther*. Les partisans de ce système, parmi lesquels on compte les célèbres Huygens et Rumford, pensent que la lumière est produite par le mouvement d'un corps lumineux, qui se communique à l'éther, de même que nous avons vu que les vibrations sonores se communiquent à l'air et arrivent jusqu'à nos oreilles.

135. Newton pense que la lumière est elle-même un fluide très-subtil, sorti d'un foyer lumineux, et lancé dans l'espace avec une grande célérité et sans interruption.

On fait à l'un et à l'autre de ces systèmes sur la lumière plusieurs objections.

Selon le système de Newton, que nous adoptons ici, il sort d'un corps lumineux, comme d'un centre, une foule innombrable de rayons qui divergent de toutes parts dans l'espace. On démontre par une expérience très-facile et qui nous est familière, que ces rayons se propagent en ligne droite. En effet, chacun a pu remarquer que nous ne pouvons voir un corps lumineux, lorsque, sur la ligne droite qui vient de ce corps à nos yeux, il se trouve un corps opaque qui intercepte les rayons lumineux.

136. On prouve aussi facilement que les rayons lumineux sont divergents. En effet, présentez au soleil une *feuille de carton* percée d'un trou circulaire qui ait quelques millimètres *de diamètre*, vous verrez un faisceau de lumière se porter derrière. Si vous coupez ce faisceau par un plan opposé à différentes distances, vous obtiendrez des images lumineuses circulaires ou elliptiques, etc., *qui* augmenteront en grandeur, selon que le plan sera plus éloigné du trou. Delà il résulte que le faisceau de lumière a la forme d'un cône dont le sommet est au trou du plan, et que par conséquent les rayons lumineux sont divergents.

137. Si avec des épingles on perce dans un carton de petits trous, peu distants les uns des autres, et que l'on présente ce carton au soleil, on verra sur le plan placé très-près par derrière autant d'images distinctes qu'il y a de trous; mais à mesure qu'on éloignera le plan, les images augmenteront, empièteront les unes sur les autres, et, bientôt se confondant, ne feront plus

qu'une seule et même image circulaire. Si le
trou a une forme quelconque, par exemple, une
forme triangulaire, on verra sur le plan placé
très-près par derrière une image lumineuse qui
sera aussi triangulaire; mais si le plan est éloigné, elle paraîtra circulaire.

On explique de cette manière pourquoi, sous
une allée de grands arbres éclairés par le soleil, on voit à terre des cercles lumineux qui
correspondent aux parties du feuillage par où
le soleil a pu pénétrer.

138. Lorsque le soleil brille de manière que ses
rayons ne puissent passer que par le trou du carton, ou, si vous voulez, par le trou fait au volet
d'une chambre sombre, tous les objets environnants viennent se peindre renversés sur un plan
placé derrière, et forment des ombres légères revêtues de leurs couleurs naturelles. Les figures qui
suivent indiquent la cause de leur renversement;
car de chacun des
points du corps A'B',
il part des rayons
qui se propagent en
ligne droite. Ainsi
le point B' se peint
en B, et le point A'
en A. La grandeur
de l'image dépend

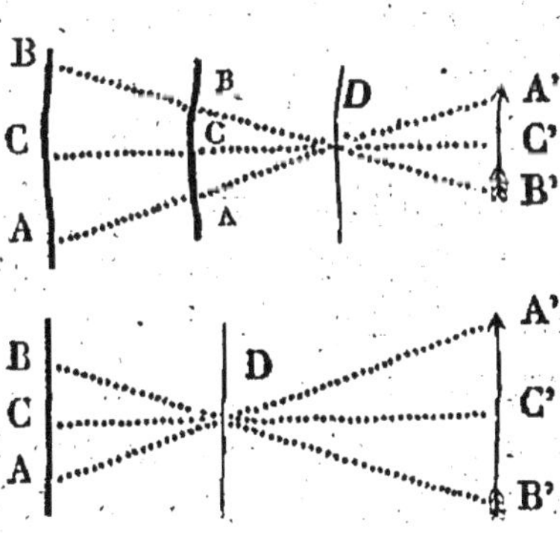

de la distance du corps comparée à celle du plan
qui lui est opposé. Si le plan et le corps sont à la
même distance, l'image sera de la même grandeur que le corps, parce que les deux cônes lumineux opposés par leur sommet seront aussi
égaux; mais si l'un est deux, trois, quatre, etc.,
fois plus éloigné, l'image sera quatre, neuf, seize,
etc., fois ou plus grande ou plus petite que le
corps, selon que *la plus* grande distance sera
en arrière ou en avant du trou *D*.

159. La lumière qui tombe sur un plan l'é-
claire plus ou moins, selon que le corps lumineux est moins ou plus éloigné. La clarté de
cette lumière *décroît de la* même manière que
croît le quarré de sa distance au corps lumineux, et à l'inverse, mais en ne tenant pas
compte du fluide interposé. En effet, les rayons
de la lumière qui part d'un corps lumineux divergent et forment un cône de lumière. Si nous
supposons l'axe de ce cône coupé perpendiculairement par un plan, et *si nous faisons mou-*
voir ce plan parallèlement à lui-même depuis
le sommet du cône jusqu'à la base, il se pein-
dra sur cette surface des cercles qui croî-
tront comme les quarrés de leurs distances au
sommet; le nombre des rayons, et par conséquent la clarté de la lumière, décroîtra de la
même manière sur un plan dont l'étendue se-

rait toujours la même. Ainsi, à la distance de deux, trois, quatre, etc., mètres, la lumière sera quatre, neuf, seize, etc., fois plus faible.

140. Nous savons par expérience que la lumière passe à travers différents corps que l'on appelle pour cela *transparents*. Ainsi, la lumière traverse ordinairement l'air avant d'arriver jusqu'à nous. Personne n'ignore qu'elle pénètre l'eau, au point que quelqu'un enfoncé de cent pieds dans la mer aperçoit encore le soleil. La lumière traverse aussi le verre, la corne, et plusieurs autres corps, mais en perdant plus ou moins de son intensité, selon la nature du corps. Plus la lumière qui s'échappe d'un corps lumineux est vive, plus elle pénètre loin dans la masse du corps. Dans le verre, dans l'eau, elle perd plus de son intensité que dans l'air.

141. Personne n'ignore que dans l'atmosphère la clarté d'un corps paraît d'autant plus faible qu'elle *est plus éloignée, parce que la lumière* qui sort du corps a une plus grande masse d'air à traverser. On peut voir tous les jours que les astres à leur lever sont moins brillants que lorsqu'ils sont élevés un peu au-dessus de l'horizon; cela est facile à remarquer à l'égard de la lune et du soleil. En effet, on conçoit qu'un astre qui est très-près de l'horizon nous envoie obli-

quement sa lumière à travers notre atmosphère,
et qu'elle traverse nécessairement une plus
grande masse d'air et le plus dense. Au contraire, quand l'astre est perpendiculaire à nos
têtes, la lumière traverse une masse d'air moins
considérable et dont la densité diminue de plus
en plus depuis les régions de la terre jusqu'aux
plus élevées. La lumière du soleil interceptée
par les *brouillards* paraît moins intense et même
disparaît tout à fait; mais *quelquefois*, lorsque
les brouillards sont moins épais, elle paraît entourée d'une auréole lumineuse.

142. On a remarqué qu'un solide, qui tombe
perpendiculairement sur la surface d'un liquide,
pénètre la masse du liquide, en perdant, il est
vrai, une partie de sa vitesse, et en conservant
néanmoins toujours la même direction. Mais
lorsqu'il tombe obliquement sur la surface du
liquide, il est détourné ou réfracté par la résistance du liquide, et il s'écarte de la perpendiculaire, qu'on abaisserait dans l'eau à l'endroit
de l'immersion, d'autant plus qu'il rencontre
un liquide plus dense. C'est pourquoi, si vous
voulez tuer d'un coup de fusil un animal sous
l'eau à une certaine profondeur, il vous faut auparavant estimer l'angle de réfraction, d'après
lequel s'écartera la balle, et ne pas viser droit
à l'animal, mais un peu plus bas. Il faut un peu
d'expérience pour acquérir cette adresse.

Il en est de la lumière comme d'un corps solide.

143. Lorsqu'un rayon lumineux tombe perpendiculairement sur un corps pénétrable, il entre dans la masse en suivant la ligne droite ; mais lorsqu'il tombe obliquement, il est réfracté en formant un angle plus ou moins grand avec la ligne perpendiculaire, que l'on abaisserait dans l'eau au lieu de l'immersion, selon qu'il rencontre un liquide moins dense ou plus dense. Mais le rayon lumineux diffère du solide en ce que celui-là, en passant dans un corps plus réfringent, se rapproche de la perpendiculaire, et qu'il s'en éloigne au contraire en traversant un corps moins réfringent. En général les corps les plus denses sont les plus réfringents, à l'exception pourtant de quelques-uns.

144. Si la lumière tombe sur des corps ternes, elle est absorbée en grande partie ; mais si elle tombe sur des corps blancs, ou mieux sur des corps polis, elle est réfléchie plus ou moins ; c'est ce que nous voyons tous les jours dans nos glaces. Nous avons même remarqué qu'il est incommode de regarder un corps blanc éclairé par le soleil.

La lumière se réfléchit en faisant l'angle d'incidence égal à l'angle de réflexion, ce que

vous reconnaîtrez facilement, si vous introdui-
sez un rayon de lumière par un trou fait au
volet d'une chambre sombre, et si vous le diri-
gez obliquement sur la surface d'un miroir métallique; car il sera réfléchi par la surface, et
il ira peindre sur la muraille l'image du trou
du volet, en faisant un angle de réflexion, que
vous trouverez, en le mesurant, égal à l'angle
d'incidence.

145. Il est à propos de dire quelque chose de
la structure des yeux, pour mieux faire comprendre l'effet de la vision. Les yeux de l'homme et des animaux qui vivent sur terre, se composent d'une *masse presque sphérique* et un
peu aplatie dans la partie de devant. Les animaux qui vivent dans l'eau, ont la partie de devant très-aplatie; dans beaucoup de poissons,
elle forme une demi-sphère; dans les raies, un
quart de sphère. Les oiseaux qui habitent dans
les hautes régions de l'atmosphère, ont cette
partie des yeux tantôt aplatie, tantôt en forme
de tronc de cône. *Les araignées, les scorpions*
n'ont pour yeux que des petits points que l'on
aurait peine à regarder comme les organes de la
vue, si cela n'était prouvé par des expériences
certaines. Le plus souvent les yeux des clopor-
tes, des mouches, etc., sont très-gros et garnis
d'une foule innombrable de petites facettes.

Beaucoup d'insectes ont à la fois des yeux simples et des yeux composés; telles sont les guêpes, les cigales, etc. Il existe une foule d'animaux dans lesquels on ne découvre aucun organe de la vue. Il paraît que le toucher, qui dans ces animaux est extrêmement subtil, remplit les fonctions de tous les autres sens.

146. Les yeux sont composés de plusieurs tuniques placées les unes sur les autres. La première, qui forme le blanc de l'œil, tire son nom d'un mot grec, et s'appelle *sclérotique*, à cause de sa dureté. Elle a au-devant un trou dans lequel est enchâssée une membrane transparente et saillante que l'on appelle *cornée*. La membrane qui suit est appelée *choroïde*, et se divise dans le devant en deux parties entre lesquelles il y a un trou que l'on nomme la *prunelle* et dont la forme est différente dans les différents animaux. Ensuite vient la *rétine*, qui est la partie principale de l'œil; c'est elle seule qui reçoit les impressions de la lumière. La partie intérieure de l'œil est remplie de trois espèces d'humeurs: premièrement l'*humeur aqueuse*, entre la cornée et le cristallin; secondement le *cristallin*, qui est composé d'une lentille transparente comme le verre; troisièmement l'*humeur vitrée*. Il y a en outre des *muscles*, pour faire mouvoir le globe de l'œil, et des *paupières*, pour le garder.

147. C'est sur la rétine que viennent se peindre les objets exposés à la vue, après avoir traversé le cristallin. Ainsi supposons que l'objet à voir soit A'B', dans les figures précédentes (*page 103*), et D le cristallin, AB la rétine; on comprendra facilement que la figure doit se peindre renversée dans l'œil, parce que les rayons se croisent dans la prunelle; cependant nous voyons la figure droite, parce que nous jugeons de la direction de chacune de ses parties d'après la direction du rayon lumineux qui en sort.

148. Lorsque le cristallin, ou la partie intérieure de la cornée, est trop sphérique, l'image des objets un peu éloignés se forme en avant de la rétine; d'où il arrive que les objets exposés à la vue paraissent confus. Ceux qui ont de tels yeux, ont la vue *courte* et sont appelés *myopes*. Alors ils sont obligés d'approcher trèsprès des objets, pour que leur image puisse se peindre clairement sur la rétine. Pour remédier à ce défaut des yeux, on augmente la divergence *des rayons qui vont des objets aux yeux;* c'est pourquoi on se sert de lunettes dont les verres sont plus ou moins concaves.

Lorsque les ans ont desséché les humeurs des yeux, que le cristallin s'est aplati et que la partie antérieure de la cornée s'est affaissée, l'image des objets un peu rapprochés se forme derrière la

rétine et paraît encore confuse. Ceux qui ont
de tels yeux, ont la vue *longue* et sont appelés
presbytes, parce que le plus souvent les vieil-
lards ont ce défaut dans les yeux. Alors ils éloignent les objets exposés à leur vue. Pour remédier à ce défaut, on diminue la divergence des
rayons; c'est pourquoi on se sert de lunettes
dont les verres sont convexes.

149. Parmi les instruments d'optique, il en
est un très-connu et très-surprenant, c'est la
chambre obscure. Soit un appartement bien
fermé, excepté un trou pratiqué dans le volet
d'une fenêtre, auquel on adapte un verre lenticulaire; les rayons lumineux des objets exté-
rieurs sont réfléchis par lui et vont se peindre
renversés, mais distincts et ornés de leurs couleurs naturelles, sur un plan blanc tendu dans
l'appartement. Delà viennent beaucoup d'instruments, dont quelques-uns sont portatifs, du
nombre desquels sont les *lanternes magiques*
et *phantasmagoriques.*

Un *microscope* n'est autre chose qu'une lentille convexe, qu'alors on appelle *loupe,* ou plusieurs lentilles disposées d'une certaine manière,
au moyen desquelles les objets exposés à la vue
sont considérablement grossis. C'est leur secours
qui a fait faire à l'histoire naturelle de grands
progrès, en nous faisant voir de petits animaux,

tels que ceux qui se trouvent en grand nombre
dans les infusions végétales.

Il y a aussi des microscopes *solaires,* qui res-
semblent assez à des lanternes magiques, et au
moyen desquels une puce paraît aussi grosse
qu'un mouton et même qu'un bœuf.

150. Les enfants d'un lunettier, appelé *Jan-
sen,* de Middelbourg en Allemagne, ayant pris
par hazard deux verres *entre leurs doigts* et en
ayant approché l'œil, remarquèrent que *les objets* étaient grossis et rapprochés, et le firent
aussi remarquer à leur père. Delà l'origine des
télescopes, qui maintenant sont composés de
tuyaux dans lesquels *sont disposés d'une certaine*
manière des miroirs, et le plus souvent des lentilles, au moyen desquelles on rapproche et on
rend distincts à la vue des objets que l'on ne
voyait que confusément et quelquefois pas du
tout. L'invention du télescope est de l'an mil
cinq cent quatre-vingt-dix, et celle du microscope de trente ans plus nouvelle ; mais ces instruments *ont été beaucoup* perfectionnés par
Galilée, Newton, et plusieurs autres physiciens
célèbres.

151. Les couleurs sont des propriétés des différentes parties de la lumière décomposées par
la réfraction, ou par la réflexion, ou autrement.

Les opinions des modernes sur les couleurs diffèrent beaucoup de celles des anciens. Selon l'opinion d'Aristote, qui était autrefois très-répandue, la couleur était regardée comme une propriété propre aux corps colorés et indépendante de la lumière ; ce qui est faux comme le démontreront les expériences suivantes.

Les Cartésiens peu contents de cette opinion ont pensé que les couleurs n'étaient rien autre chose que la lumière réfléchie par les corps avec différentes modifications, et que la différence des couleurs dépendait de la différence des tissus des corps ; et ce qui les amena à ce sentiment, c'est que les corps ne font aucune impression sur les organes de la vue dans l'obscurité. Mais Newton est celui à qui nous devons surtout une vraie théorie des couleurs fondée sur des expériences certaines et qui explique tous les phénomènes ; c'est celle qui suit.

152. *Nous jugeons par expérience que les rayons de la lumière sont composés de particules dont les masses diffèrent entr'elles* : du moins, on regarde comme certain que quelques-unes d'entr'elles surpassent les autres en grosseur et en force, et que parconséquent, étant plus propres à conserver leur vitesse, elles sont moins détournées de leur direction. En effet, si l'on introduit dans une chambre obscure un

rayon de lumière et qu'on le fasse tomber sur
un corps réfringent, il ne se réfracte pas tout
entier sur un seul et même point, mais il se
divise, pour ainsi dire, en plusieurs autres rayons
plus ou moins réfractés ; de sorte que les particules les plus faibles sont les plus détournées
de la ligne droite par le corps réfringent, et que
les autres le sont d'autant moins qu'elles ont
plus de vitesse.

153. Bien plus, les rayons qui diffèrent le plus
en réfraction, sont aussi ceux qui diffèrent le
plus en couleur : cela est prouvé par plusieurs
expériences. Par exemple, les rayons violets sont
composés des particules qui sont *les plus ré-
fractées*, parce que, selon toute apparence, ces
particules étant plus faibles font moins d'impression sur l'organe de la vue, excitent de
moindres vibrations, et nous donnent la sensa-
tion d'une couleur plus faible, telle qu'est la
couleur violette. Au contraire, les rayons rouges
sont composés des particules qui se réfractent
le moins.

Il y a deux espèces de couleurs : les unes
primitives, homogènes et simples, telles que le
rouge, l'*orangé*, le *jaune*, le *vert*, le *bleu*, l'*in-
digot*, le *violet* et toutes leurs nuances ; les autres secondaires, hétérogènes et composées des
premières.

154. Par le mélange des couleurs primitives, on forme les couleurs secondaires qui ont bien le même aspect que les couleurs primitives, mais qui ne sont pas aussi durables. Ainsi, on forme de l'orangé, en mêlant du jaune avec du rouge; du vert, en mêlant du jaune avec du bleu; de l'indigo, en mêlant du violet avec du bleu; en général, en mêlant deux couleurs peu distantes l'une de l'autre, on forme une nouvelle couleur. En mêlant ensemble plusieurs couleurs, on ne forme aucune couleur qui ressemble aux couleurs homogènes de la lumière. Mais ce qu'il y a de plus singulier, c'est que, en mêlant ensemble dans une certaine proportion des rayons de toutes les couleurs primitives, on produit le blanc ou le brillant de la lumière solaire. Delà il arrive que la couleur ordinaire de la lumière est le blanc, parce qu'il n'est que la réunion des rayons de toutes les couleurs mêlées les unes avec les autres.

155. Les rayons du soleil, après avoir traversé un prisme de verre triangulaire, représentent sur la muraille qui leur est opposée une image ornée de différentes couleurs, savoir: le rouge, l'orangé, le jaune, le vert, le bleu, l'indigo et le violet, parce que les rayons diversement colorés sont séparés les uns des autres par la réfraction. Les rayons qui donnent le jaune, sont

plus écartés de la direction en ligne droite que
ceux qui donnent le rouge; ceux qui donnent
le vert, plus que ceux qui donnent le jaune, et
ainsi de suite, jusqu'à ceux qui forment le violet; ceux-ci s'éloignent le plus de tous de la
ligne droite. Les couleurs des rayons, séparées
par le prisme, sont de nature à ne pouvoir être
changées ni détruites, soit qu'elles traversent
un corps éclairé, *soit qu'elles* se croisent, soit
qu'on les approche d'une ombre épaisse, soit
qu'on les réfléchisse ou qu'on les rompe de quelque manière; d'où il est évident que les couleurs appartiennent à la nature des rayons.

156. *Si*, à l'aide d'une lentille ou d'un miroir
concave on réunit les différentes couleurs, quand
elles sortent du prisme, on obtient le blanc. De
même, en mêlant dans une certaine proportion
le rouge, l'orangé, le jaune, le vert, *le bleu*,
l'indigo et le violet, on obtient une couleur composée qui est blanchâtre (c'est-à-dire, à peu près
semblable à celle qu'on forme en mêlant un peu
de noir avec du blanc) ou qui serait tout à fait
blanche, si rien de ces couleurs n'était perdu ou
absorbé. On obtient aussi le blanc en peignant
de toutes ces couleurs un cercle de carton et
en le faisant tourner assez rapidement, pour
qu'on ne puisse distinguer aucune couleur en
particulier.

La théorie que nous venons d'exposer sur les couleurs et qui est de Newton, est fondée sur une belle suite d'expériences certaines qui ne peuvent être rapportées ici.

157. Le plus beau de tous les phénomènes qui appartiennent à la lumière, est certainement l'ARC-EN-CIEL ou IRIS, c'est-à-dire, cette bande demi-circulaire, ornée des sept couleurs primitives et placée dans les nuages, et que l'on voit, lorsqu'ayant le dos tourné au soleil, on regarde une nuée qui se résout en pluie et qui est éclairée par cet astre. On aperçoit ordinairement deux arcs-en-ciel, l'un intérieur qui se manifeste par de vives couleurs, l'autre extérieur dont les couleurs sont plus faibles. Voici quel est l'ordre de ces couleurs : dans celui qui est intérieur, on voit, en allant de bas en haut, d'abord le violet, ensuite l'indigo, le bleu, le vert, le jaune, l'orangé, et le rouge ; dans celui qui est extérieur, en allant aussi de bas en haut, d'abord le rouge, ensuite l'orangé, le jaune, etc., dans l'ordre inverse du premier.

158. Pour comprendre la manière dont se forme l'arc-en-ciel, concevons qu'un rayon lumineux tombe sur une goutte d'eau ; il sera réfracté en passant de l'air dans le liquide et se décomposera en rayons colorés rouges, orangés,

jaunes, etc. Chacun de ces rayons, après avoir
traversé la goutte d'eau, sera réfléchi en partie
sur la surface concave du globule d'eau; alors
il traversera de nouveau ce globule dans un autre sens et paraîtra d'un autre côté, pour en
sortir. Là une partie à la vérité reviendra sur
elle-même à travers l'air, et une partie sera encore réfléchie à travers le globule, etc. Ce sont
ces rayons réfléchis par les gouttes d'eau qui
viennent frapper les yeux des spectateurs et qui
forment les couleurs. Si l'on regarde des chutes
d'eau ou des jets d'eau un peu considérables,
le dos tourné au *soleil, on remarquera* souvent
des phénomènes semblables. Mais c'est sur mer
que paraissent les plus beaux arcs-en-ciel.

159. On appelle ÉLECTRICITÉ une vertu qui réside dans les corps, et qui, lorsqu'elle est excitée,
leur fait attirer et repousser les autres corps légers qu'on en approche à peu de distance; qui
leur fait produire *sur la* peau *des* animaux une
légère impression, comme celle d'une toile d'a-
raignée que l'on rencontre par hazard; qui leur
fait répandre une odeur assez semblable à celle
du phosphore d'urine; qui leur fait lancer des
aigrettes d'une matière lumineuse; qui leur
fait produire des étincelles brillantes; qui leur
fait piquer assez vivement les corps animés qu'on
en approche en leur causant une violente com-

motion; qui leur fait enflammer les liqueurs et les vapeurs spiritueuses, et quelquefois même d'autres corps moins inflammables; qui enfin leur donne pour quelque tems la vertu de communiquer aux autres corps le pouvoir de produire les mêmes effets.

160. D'après l'analogie bien reconnue, comme on le verra par la suite, qui existe entre les effets du tonnerre et ceux de l'électricité, le tonnerre lui-même n'est qu'une espèce d'électricité en grand, qui s'excite naturellement et qui règne dans l'atmosphère terrestre, du moins en certains tems. Je dis du moins en certains tems, car je suis très-porté à croire qu'elle règne continuellement dans l'atmosphère.

On peut donc distinguer deux espèces d'électricité, qui ne diffèrent que par leur formation et la grandeur des effets, savoir : l'*électricité naturelle,* qui s'excite d'elle-même dans l'atmosphère; et l'*électricité artificielle,* qui est produite par le frottement ou par d'autres moyens que nous allons bientôt exposer.

Electricité vient du mot latin *electrum,* qui signifie ambre, parce que les anciens avaient remarqué dans l'ambre la vertu d'attirer et de repousser, ainsi que dans d'autres corps résineux; mais ils ne connaissaient rien de plus : le reste est dû tout entier à notre siècle.

161. On peut conclure des effets de l'électricité, que nous avons rapportés plus haut, que tout corps électrisé a autour de lui une matière en mouvement que l'on appelle *matière électrique* ou *fluide électrique.*

Or, quelle est cette matière? Ce n'est certainement pas la matière du corps éléctrisé; car ce corps ne diminue jamais, quelque long-tems qu'il conserve la vertu électrique. Ce n'est pas non plus l'air de l'atmosphère; car les phénomènes électriques ont lieu dans le vide. Il est donc très-vaisemblable (et presque tous les physiciens le pensent ainsi) *que la matière de l'électricité* est la même que celle de la chaleur et de la lumière.

162. On fait naître la vertu électrique dans les corps de deux manières. On les électrise, 1° en les frottant avec la main nue ou avec quelqu'autre matière animale ou métallique; 2° en *les approchant assez près ou en les appliquant* légèrement à un autre corps récemment électrisé. Presque tous les corps peuvent s'électriser de l'une ou de l'autre manière, quelques-uns même des deux manières. En général, ceux qui s'électrisent le mieux par *frottement,* s'électrisent le moins par *communication,* à l'exception du verre cependant dans certaines occasions; au contraire, ceux qui s'électrisent le

mieux par *communication*, s'électrisent le moins par *frottement*. Les corps qui s'électrisent le plus fortement de cette dernière manière sont tous les corps vitrifiés, ensuite la cire d'Espagne, le soufre, les résines, la soie, les gommes, les poils d'animaux, etc., et l'on appelle ces corps *idio-électriques*. Quant à ceux qu s'électrisent par communication, tels que les métaux, l'eau et toutes les matières humides, ils sont appelés *an-électriques*.

163. Pour électriser les corps par communication, il faut *qu'ils soient isolés*, c'est-à-dire, soutenus par des supports idio - électriques, comme le verre, la porcelaine, la soie, les poils, le soufre, etc.; et même les bois desséchés au feu et ensuite frits dans l'huile bouillante. Mais le meilleur de tous est le verre.

Si vous frottez une petite baguette de verre avec un morceau de drap ou mieux avec du papier gris, *il s'en dégage une faible lumière* que l'on voit dans les ténèbres; si ensuite vous approchez la baguette de votre main, vous en tirez de petites étincelles; si vous l'approchez de petits corps, ils se précipiteront tout à coup sur elle. Une baguette de cire d'Espagne frottée de la même manière produit à peu près le même effet; mais il est plus difficile d'en tirer des étincelles. Une personne placée sur un gateau de résine et que l'on frappe, dans un tems sec, avec une peau de lièvre ou de chat, s'électrise d'une manière évidente, et l'on peut tirer des étincelles des différentes parties de son corps.

164. On a imaginé plusieurs espèces de machines, pour produire l'électricité. D'abord on a employé un *globe de résine*, et en le faisant tourner, on en tirait l'électricité par le frottement de la main ou de coussins. Dans la suite, on a substitué à ce globe un plateau de verre qui, placé dans une position verticale entre deux montants et traversé dans le milieu par un axe, est mis en mouvement au moyen d'une manivelle. Un cylindre de métal, en cuivre ou en fer-blanc ou en bois couvert de papier métallique, que l'on appelle *conducteur*, soutenu par des colonnes de verre, est placé devant. Ce conducteur se termine du côte du plateau par deux bras garnis d'une pointe. Aux montants sont adaptés des coussins contre lesquels puisse frotter le plateau et qui par derrière communiquent à la terre par une chaîne de métal. Quelquefois, pour augmenter la force électrique, on enveloppe le plateau de taffetas verni.

165. Chacun peut se construire, à peu de frais, une machine électrique qui suffise pour étudier tous les phénomènes de l'électricité. Que l'on se

procure deux mètres de taffetas verni, et que
l'on couse ensemble les deux extrémités, de manière à avoir une nappe sans fin ; qu'on la tende
sur deux cylindres mobiles, dont un soit pourvu
d'une manivelle, pour donner le mouvement à la
machine, et que des coussins de peaux de chat
soit disposés de manière à frotter le taffetas. On
approche de cette machine le conducteur isolé
comme plus haut. La force de l'électricité accumulée dans le conducteur est d'autant plus grande
que le conducteur a plus de masse, et d'autant
plus surtout qu'il a plus de surface.

166. On appelle *bouteille de Leyde* une bouteille de verre remplie en partie ou garnie de
quelques corps an-électriques, d'eau, par exemple, ou de matières métalliques, et dont la surface extérieure est garnie aux trois quarts par
en bas d'une feuille de métal. Dans cette bouteille est plongée une baguette de métal qui passe
à travers *le bouchon* et qui est terminée dans
la partie supérieure par une boule aussi de métal. Lorsqu'on approche cette boule du conducteur, la bouteille s'électrise, et elle conserve son
électricité souvent pendant plusieurs jours. Alors,
si d'une main on touche au métal extérieur de
la bouteille et de l'autre au bouton de la baguette, on éprouvera tout à coup une forte commotion dans les membres et surtout dans les

articulations. Bien plus, si plusieurs personnes se donnent les mains, de manière que la première touche la garniture extérieure de la bouteille et que la dernière approche la main au bouton, elles ressentiront toutes en même tems la même commotion, en quelque nombre qu'elles soient.

167. On appelle *batterie électrique* plusieurs bouteilles de Leyde, toutes isolées, dont les parties intérieures communiquent les unes aux autres par un fil de métal, et les parties extérieures aussi entr'elles par une feuille de métal sur laquelle elles sont placées. On charge cette batterie de la même manière que la bouteille de Leyde, et l'effet en est d'autant plus fort que les vases sont plus grands ou en plus grand nombre. Les batteries électriques produisent de violentes explosions, c'est pourquoi il faut éviter avec soin de les recevoir; car elles pourraient blesser grièvement *ou tout au moins donner* une commotion dont on se sentirait pendant longtems. Les oiseaux, les petits animaux sont tués sur le champ par l'explosion de quelques bouteilles.

Pour décharger sans danger les bouteilles électriques, il faut se servir d'un *excitateur* qui est une baguette demi-circulaire de métal et terminée par deux boules aux deux extrémités, dont on pose l'une sur la garniture extérieur, et dont on approche ensuite l'autre de la garniture intérieure. Alors il en sort une étincelle très-vive qui peut percer une feuille de verre sans la casser ; on y aperçoit à peine un petit trou.

168. On appelle *carreau fulminant* une feuille de verre garni en dessus et en dessous d'une couche très-mince d'étain, presque jusqu'aux bords. On place le carreau sur une table unie et, après avoir mis entre la garniture de dessous et la table une petite chaîne qui communique avec le sol, on charge le dessus comme plus haut. Alors, si l'on touche en même tems la partie de dessus et de dessous, on recevra une violente commotion.

Quelquefois on place derrière la porte d'un appartement une grande bouteille de Leyde ou plusieurs qui communiquent ensemble ; on fait communiquer la garniture extérieure avec la clef, et l'intérieure avec le plancher qui avoisine la porte, de manière que, si quelqu'un vient pour ouvrir la porte, il mette les pieds sur l'une des communications et touche l'autre avec la main, et qu'il reçoive tout à coup la commotion électrique.

169. L'étincelle électrique lancée sur une matière combustible, par exemple, sur l'esprit de vin chauffé, produit aussitôt de la flamme ;

les batteries électriques brûlent même les métaux, tels qu'un fil de fer ou d'or.

Il existe une autre espèce de bouteille de Leyde portative que l'on appelle *bouteille d'Ingen-Houlz*. Sa surface est enduite de cire à cacheter, pour qu'elle soit préservée de l'humidité. A cette bouteille sont joints un ruban de taffetas et un morceau de peau de lièvre: tout cela est renfermé dans un étui très-portatif. On charge cette bouteille en promenant le bouton sur le ruban, tandis qu'on frotte ce ruban avec la peau de lièvre.

Il y a aussi d'autres bouteilles de Leyde que l'on *dispose dans des cannes, et que l'on appelle cannes électriques.*

170. Examinons maintenant les différents systêmes qu'on a inventés, pour lier entr'eux tous les phénomènes de l'électricité.

Le célèbre Franklin supposait qu'il existe dans tous les corps un fluide particulier, plus ou moins abondant. Tant que *le* fluide réside également dans les corps, il ne se passe rien; mais lorsqu'une cause quelconque a rompu l'équilibre de l'électricité, il tend à se rétablir. De-là, selon lui, naissent tous les phénomènes que l'on observe. Ainsi les corps, tels que le verre et d'autres encore, dans lesquels une nouvelle électricité s'ajoute par le frottement à l'électricité naturelle, sont dits renfermer de l'*électricité po-*

sitive; mais ceux qui perdent, lorsqu'on les frotte, une partie de leur fluide, tels que la cire d'Espagne, la résine, la soie, etc.; ont l'*électricité négative.*

Cette hypothèse aussi belle que simple est suivie par beaucoup de physiciens étrangers, mais presqu'entièrement abandonnée par ceux de France, qui en suivent une autre imaginée par Symmer et modifiée par d'autres.

171. Dans l'hypothèse des physiciens français, tous les corps ont naturellement un fluide particulier, appelé *fluide naturel;* le globe de la terre peut en être regardé comme l'immense réservoir; en effet, lorsqu'il s'agit d'électricité, on l'appelle *réservoir commun.* Le fluide naturel n'a par lui-même aucune vertu électrique; il est seulement formé par le mélange intime de deux autres fluides, savoir: le *fluide vitré,* et le *fluide résineux,* que l'on peut en tirer de différentes manières en le décomposant. Ce sont ces fluides composants qui produisent tous les phénomènes de l'électricité, lorsque rien ne s'y oppose. D'ailleurs ces mots *fluide vitré* et *résineux* peuvent signifier à peu près la même chose que ceux que l'on emploie dans la théorie de Franklin, *électricité positive* et *négative,* ou *électricité en plus* et *en moins.*

172. Dans l'hypothèse précédente, tous les corps ont une certaine quantité de fluide naturel qui se décompose par le frottement, par le contact, par la chaleur, etc. Deux corps non conducteurs de l'électricité s'électrisent facilement, quand on les frotte l'un contre l'autre; alors l'un est chargé d'électricité vitrée, l'autre d'électricité résineuse. Le verre et presque toutes les matières vitreuses se chargent presque toujours d'électricité vitrée, lorsqu'elles sont polies et qu'on les frotte avec quelque corps non conducteur; cependant le verre, frotté avec le poil de chat, acquiert l'électricité résineuse. Les matières vitreuses acquièrent l'électricité résineuse, lorsqu'elles sont raboteuses et qu'on les frotte avec les mêmes corps qui auparavant leur donnaient l'électricité vitrée. En général, les corps raboteux et ternes et les matières résineuses tendent à l'électricité résineuse.

173. Deux corps, l'un conducteur isolé, l'autre non conducteur, possèdent aussi une électricité différente; par exemple, dans la machine électrique ordinaire, le plateau de verre a l'électricité vitrée, et le corps frottant l'électricité résineuse. Mais si le coussin communique avec la terre, l'électricité résineuse se dissipe à mesure qu'elle se développe, et ainsi on peut charger le conducteur à volonté d'électricité vitrée ou

résineuse. Le premier cas a lieu, lorsque le plateau de verre et le conducteur communiquent entr'eux; mais, si les coussins sont isolés et s'ils communiquent avec le conducteur, tandis que le plateau de verre communique avec le réservoir commun, on pourra charger le conducteur d'électricité résineuse.

Les mêmes espèces d'électricité, vitrée et résineuse, s'obtiennent de même de la machine de soie dont nous avons parlé plus haut.

174. L'expérience prouve que les particules extrêmement tenues du fluide électrique qui sont de même espèce se repoussent mutuellement, et que celles qui sont d'espèce différente s'attirent. Par là on explique facilement les phénomènes de l'attraction et de la répulsion, les étincelles, les commotions électriques, etc. Ainsi, lorsqu'un corps chargé d'une électricité quelconque est en présence d'un autre qui possède l'électricité naturelle, l'électricité naturelle se décompose; celle qui est d'espèce différente s'attire; mais au contraire celle qui est de la même espèce est repoussée dans la partie opposée. Si le corps constitué à l'état naturel est mobile, il se précipite sur l'autre. De là on a inventé différentes récréations électriques, dont les principales sont la *danse électrique*, le *carillon*, etc.

175. Les physiciens ont aussi inventé différents instruments propres à différentes expériences. Le principal est appelé *électrophore*, parce
qu'il conserve long-tems sa vertu électrique. Il
est composé d'un gateau de résine et d'un autre
de métal auquel est adapté par le milieu un
cylindre de verre en forme de manche, ou un
petit cordon de soie. Ce dernier étant d'abord
séparé de la résine, on frappe le premier plusieurs fois avec une peau de lièvre ou une autre
garnie de poil, et de cette manière on le charge
d'électricité; ensuite on met le gateau de métal
sur celui de résine, et, après avoir touché avec
le doigt pendant un petit moment le disque de
métal, on l'enlève par le manche au moyen du-
quel on le tient isolé. Alors, si l'on en approche
le doigt, on voit paraître une étincelle qui peut
se renouveler cent et même deux cents fois de
la même manière. Par ce moyen on chargera
en peu de tems une bouteille de Leyde, en l'approchant plusieurs fois pour recevoir l'étincelle.

176. Les corps terminés en pointe attirent
l'électricité sans explosion et ne laissent aperce-
voir qu'une lumière pâle. Mais il n'en est pas
ainsi des corps ronds : car l'électricité accumulée en eux s'élance dans l'air avec explosion et
donne de vives étincelles. Cela est connu de
toutes les personnes qui ont vu des expériences

sur l'électricité. Elles savent aussi qu'un homme isolé du réservoir commun et qui communique avec le conducteur de la machine, peut donner des étincelles par le nez, par les yeux, par les bras et par toutes les parties du corps, si on leur présente un autre conducteur non isolé, et qu'il peut enflammer l'esprit de vin et l'éther, s'il en approche seulement le bout du doigt.

177. Maintenant on ne doute plus que la cause qui produit l'électricité ne soit la même qui produit le tonnerre, surtout lorsqu'on voit l'électricité accumulée tuer des animaux et fondre des métaux. Quelques physiciens l'avaient d'abord soupçonné; mais Franklin l'affirma, après avoir découvert le pouvoir des pointes, et Dalibard, le premier en France, le prouva par l'expérience suivante. Il fit construire une cabane près de Marly-la-Ville, dans le département de Seine-et-Oise, et y fit élever une barre de fer de treize mètres de longueur et isolée dans sa partie inférieure de tout autre corps. Bientôt un nuage orageux étant venu à passer au-dessus, la barre donna de vives étincelles. On a chargé des bouteilles de Leyde à de semblables machines, et l'on en a obtenu les mêmes effets que des bouteilles ordinaires.

178. Bientôt Romas, qui cultivait la physique

à Lille en Flandre, envoya vers les nuages orageux un grand cerf-volant, fait de taffetas et
surmonté d'une verge de fer qui se terminait en
pointe. Un fil de métal descendait de la verge le
long de la corde jusqu'à environ vingt pieds de
la main qui le retenait; le reste était un cordon
de soie destiné à préserver l'observateur du danger. On vit des jets lumineux de dix pieds de
longueur s'élancer du bas de cet appareil avec des
explosions semblables à des coups de pistolets.

Toutes les expériences de ce genre sont très-
dangereuses; plusieurs physiciens ont reçu des
commotions violentes: le célèbre Richmann,
professeur de physique à Pétersbourg, a été fou-
droyé auprès de *l'instrument qu'il avait* construit
dans sa chambre, pour mesurer l'électricité des
nuages.

179. Moi-même j'ai souvent lancé dans les airs,
à l'exemple de Romas, un cerf-volant de soie,
surmonté d'une verge de fer, et j'en ai presque
toujours tiré des étincelles plus ou moins fortes,
même dans les temps sereins et lorsque le soleil brillait avec éclat. Mais un jour du mois de
mars, que le vent amenait du midi un nuage
pluvieux, sans orage cependant, le temps au contraire étant froid, j'avais d'avance lancé le cerf-
volant; ce nuage pluvieux commençait à passer,
lorsque, tenant le cordon de soie d'une main,

j'étendis l'autre pour toucher au-dessus un anneau de métal qui était en communication avec le fil métallique; ma main était encore éloignée de l'appareil de deux ou trois pieds, lorsque j'entendis dans l'air un sifflement qui me tint quelque tems étonné. Mais bientôt croyant que je m'étais trompé, j'approchai tout-à-coup la main de l'appareil : alors une vive étincelle en sortit avec une forte explosion et me frappa si violemment, que je faillis me trouver mal. Ayant repris un peu mes esprits, je lâchai du cordon de soie, pour m'isoler; alors commença un pétillement très-fort et accompagné de très-fréquentes étincelles, ce qui dura presqu'un quart-d'heure.

180. Il est donc reconnu maintenant qu'il règne toujours dans l'atmosphère, mais surtout dans les temps d'orage, de l'électricité naturelle, et que tous les corps, pourvu qu'ils soient isolés, peuvent s'électriser, et surtout ceux qui se terminent en pointe et qui sont élevés.

Le nuage qui produit le tonnerre doit donc être regardé comme un vaste corps électrisé. Mais d'où reçoit-il sa vertu électrique? Nous savons qu'on peut la produire de deux manières, par frottement et par communication. Or l'air est idio-électrique; c'est pourquoi, lorsque les vents et les nuages, surtout dans les temps ora-

geux, vont à l'opposé les uns des autres et qu'une
partie de l'atmosphère glisse sur l'autre, l'air se
charge d'électricité par frottement et la communique ensuite à la nuée qui est la plus voisine.

181. Pour préserver les édifices de la foudre,
il faut élever au-dessus des maisons des verges
de fer terminées en pointe et qui communiquent
avec la terre; on les appelle des *paratonnerres*.
Il faut prendre garde qu'il ne manque rien dans
leur construction; car, loin de les préserver,
ils pourraient leur être très-nuisibles. Maintenant la verge de fer est terminée par une pointe
de platine, métal qui n'est pas susceptible de
s'altérer à l'air. Un conducteur, c'est-à-dire, une
espèce de corde faite de fils de fer enduits d'un
vernis gras, se prolonge depuis cette verge jusque dans un puits où elle plonge dans l'eau. Il est
nécessaire aussi que ce conducteur soit éloigné
des toits et des murs de trois ou quatre pouces,
et que les *paratonnerres*, s'il y en a plusieurs,
soient à une distance d'environ vingt mètres au
moins les uns des autres.

182. Si vous habitez une maison qui n'ait
point de paratonnerres, vous n'aurez rien à
craindre de la foudre, en vous tenant sur quelque corps isolant, tels que des matelas, etc, et

en évitant le voisinage des portes, des fenêtres,
des murailles et surtout de tous les objets métalliques. Si l'orage vous surprend en rase campagne, gardez-vous de vous reposer près d'un
arbre, car ses branches élevées attirent la foudre;
mais tenez-vous en éloigné de cinq ou six mètres, parce qu'il est probable que la foudre, en
tombant dans le voisinage, se portera sur l'arbre.

183. Si l'on suspend au conducteur d'une ma-
chine-électrique un vase garni de plusieurs
trous, de manière que naturellement l'eau n'en
sorte qu'à peine, bientôt, si l'on met la machine
en mouvement, on verra l'eau couler avec beaucoup de vitesse, en forme de jets divergents.

Dans les plantes, l'électricité favorise la circulation de la sève. Maimbrai d'Édimbourg raconte que deux myrthes, qu'il avait électrisés,
avaient poussé des feuilles et des fleurs avant
que deux autres arbrisseaux de même espèce,
mais qui n'avaient pas été électrisés, don-
nassent aucun signe de végétation. Jallabert
de Genève électrisa pendant quinze jours des
oignons de jacinthe et de jonquille, et ils pous-
sèrent beaucoup plus tôt que d'autres qui n'a-
vaient pas été électrisés. Plusieurs physiciens ont
obtenu les mêmes résultats.

184. L'électricité favorise la transpiration des

animaux et ranime les fibres engourdies. C'est
pourquoi, dans plusieurs maladies, l'électricité
paraît être employée utilement, comme un re-
mède efficace. On applique l'électricité de plusieurs manières. Premièrement, par *bains*; le
malade est assis dans un fauteuil isolé et communique avec le conducteur de la machine électrique, tandis qu'elle est en mouvement. Secondement, par *aigrettes*; quelqu'un qui est électrisé promène une pointe sur le membre malade et lui communique l'électricité par une
aigrette. Troisièmement, par *étincelles*; le malade isolé communique avec le conducteur et
produit des étincelles plus ou moins vives,
lorsqu'on en *approche l'excitateur*. Quatriè-
mement, par *commotion*; on emploie une bouteille de Ley de plus ou moins grande.

185. Le docteur Galvani de Bologne, en l'an
mil sept cent quatre-vingt-neuf, remarqua que
les organes des nerfs ou des muscles éprouvent
une irritation et une commotion manifeste,
lorsqu'on *les met en contact* avec des métaux.
On a donné à cette propriété animale le nom
de GALVANISME. En effet, que l'on mette la partie
inférieure d'une grenouille dépouillée sur un
disque de zinc, et que l'on fasse communiquer
avec un compas de cuivre le dessous du zinc
avec le muscle qui est dessus; ce muscle éprouve
une commotion.

Prenez deux disques, l'un d'argent, l'autre de zinc, et appliquez-les à votre langue, l'un dessus, l'autre dessous, de manière qu'on puisse les faire toucher par les bords ; vous éprouverez sur la langue un chatouillement et une espèce de commotion électrique.

Le célèbre Volta ayant médité sur ce sujet, forma la *pile* appelée *voltaïque* ou *galvanique*, et en expliqua lui-même l'effet, à Paris en l'année mil huit cent un, en présence de l'institut et du premier consul, ce qui lui valut la récompense la plus distinguée, une médaille d'or d'un grand prix.

186. La pile voltaïque, telle qu'elle fut construite par ce savant inventeur, est composée de disques métalliques de *zinc* et de *cuivre* mis en contact ; on en met ensuite d'autres deux à deux, dans le même ordre, les uns sur les autres, séparés par des rondelles de carton ou de drap mouillé ; tout cela est disposé entre trois colonnes de verre au moyen desquelles la pile est isolée.

Depuis on a beaucoup perfectionné cet appareil ; maintenant on soude ensemble les disques deux à deux, zinc et cuivre ; de cette manière, le contact entre les deux métaux est plus parfait et l'on évite l'oxidation. De plus, on emploie des quarrés ; de cette manière, ces couples peuvent être disposés horizontalement dans de petites boëtes faites exprès à une certaine distance les unes des autres : on remplit les intervalles avec un liquide, ce qui est bien préférable à des morceaux de drap mouillés. On a reconnu aussi que l'eau pure était moins convenable que l'eau salée, et que les acides liquides étaient préférables à tout.

187. Pour construire une pile voltaïque, on peut employer différents corps, tels que le sulphur de fer et le charbon de bois, le charbon de bois et le schiste, le schiste et le zinc, etc.; mais on sait par expérience que le cuivre et le zinc doivent être préférés, parce qu'ils développent par leur contact une plus grande quantité d'électricité que les autres corps.

Maintenant on construit à Paris de petites piles de volta avec des rondelles de papier assez semblables à des pains à cacheter et dont une face est dorée et l'autre enduite d'une couche d'oxide noir de maganèse. Ces petites piles à la vérité ont peu de force; mais elles ont été employées pour produire une espèce de mouvement perpétuel très-remarquable. Ce qu'il y a de particulier c'est qu'il n'entre dans leur construction aucun corps humide.

188. Les phénomènes électriques de la pile de volta ont la plus grande ressemblance avec ceux

de la machine ordinaire. En effet, que l'on isole
la pile, que l'on accroche un fil de métal à chacune de ses extrémités, et qu'on approche bout à
bout ces deux fils, ils se précipiteront l'un sur l'autre. Que l'on attache à la même extrémité deux fils
près l'un de l'autre, ils se repousseront réciproquement. Si l'on applique une main à une extrémité de la pile, ou que d'une manière quelconque on établisse une communication entre cette
extrémité et le réservoir commun, et si ensuite
on suspend à l'autre extrémité une bouteille de
Leyde dont on tienne la garniture extérieure de
l'autre main, la bouteille se chargera d'électricité résineuse ou vitreuse, selon qu'elle touchera
le zinc ou le cuivre.

189. Si, après s'être mouillé les doigts surtout
d'une dissolution d'ammoniac, on touche en
même tems les deux extrémités de la pile, les
nerfs des mains éprouveront une irritation et
une espèce de contraction qui se fera sentir
quelquefois dans les bras ; car la commotion croît
avec le nombre des lammes. S'il y a sur les
mains quelque coupure ou quelqu'écorchure, la
douleur deviendra si aigue qu'on aura peine à
la supporter. Attachez au bas de la pile un fil
de métal que vous tiendrez dans vos lèvres par
l'autre bout, et touchez le haut avec la main ;
vous sentirez sur les lèvres une espèce de cha-

touillement assez fort, et vous apercevrez comme une grande lumière pâle. Si la pile est assez élevée et d'environ cent plaques, approchez de ces deux extrémités les deux bouts d'un fil de métal, il s'enflammera et brûlera dans une assez grande longueur. Enfin à l'aide du galvanisme on peut décomposer un grand nombre de corps et en tirer les différentes parties qui les composent.

190. Plusieurs minéraux acquièrent par la chaleur une vertu électrique, qui est différente à leurs différentes extrémités. La tourmaline, la topaze, etc., jouissent de cette propriété. Différents poissons ont aussi évidemment la vertu électrique, entr'autres certaines espèces de raies, le gymnote, le silure, le tetrodon, etc. ; plusieurs physiciens et naturalistes célèbres l'ont reconnu par un grand nombre d'expériences. Si l'on touche ces animaux, on reçoit une très-forte commotion que les pêcheurs évitent avec soin. Enfin ces animaux produisent des étincelles, chargent des bouteilles de Leyde et donnent tous les phénomènes de l'électricité ordinaire.

191. On appelle MAGNÉTISME cette vertu qui fait que l'aimant attire le fer et l'acier; qu'il s'y attache plus ou moins fortement; qu'il attire le pôle différent ou *ennemi* d'un autre aimant, et

repousse le pôle *ami*; qu'il dirige un de ses pôles vers le nord et l'autre vers le sud, etc.

L'aimant est une pierre ferrugineuse que l'on trouve dans les mines de fer. Sa couleur est différente dans les différents pays : dans les Indes Orïentales, dans la Chine et dans tous les pays du nord il a la couleur du fer; en Angleterre il est brun et rougeâtre; en Lorraine il est presque gris, et en France un peu noir.

Pour distinguer les pôles d'un aimant, posez-le sur une glace bien unie; après avoir mis dessous une feuille de papier blanc, semez autour de l'aimant des raclures de fer et frappez légèrement les bords de la glace; les raclures se rangeront aussitôt en lignes plus ou moins courbes qui aboutiront d'un pôle à l'autre.

192. On a donné aux deux pôles de l'aimant les mêmes noms qu'aux pôles de la terre, parce que l'aimant dans l'état de liberté tourne toujours ses pôles vers ceux du globe. *En Angleterre* on a coutume d'appeler pôle austral celui qui se tourne vers le nord, et pôle boréal celui qui se tourne vers le sud; au contraire, en France on appelle pôle septentrional celui qui se tourne vers le nord, et pôle méridional celui qui se tourne vers le sud.

Il y a à Londres dans le cabinet de curiosités de la société royale un aimant de soixante livres,

qui à la vérité n'enlève pas un grand poids, à
raison de sa grosseur, mais qui attire une aiguille à la distance de neuf pieds. Il est fait
mention dans l'histoire de l'académie des sciences d'un aimant de onze onces qui portait une
masse de fer de vingt-huit livres, c'est-à-dire,
plus de quarante fois son poids.

193. On peut concevoir le magnétisme comme produit par l'action de deux fluides, le fluide austral et le fluide boréal; car il y a dans le
magnétisme des effets qui sont les mêmes que
ceux de l'électricité : 1° les pôles différents s'attirent et les pôles semblables se repoussent; 2°
une masse de fer mise en contact avec un aimant, ou placée très-près de lui, acquiert la
vertu magnétique et des pôles; 3° deux aimants
s'enlèvent réciproquement leur vertu. En effet,
prenez deux aimants égaux et également propres à soutenir une clef, si vous posez l'un sur
une table, de manière que la clef soit suspendue à son pôle austral, et si vous appliquez sur
ce premier le pôle boréal du second, ils seront
à peine joints ensemble que la clef tombera.

On appelle aussi fluide *naturel* celui qui est
composé des deux mêlés ensemble, et dont l'un,
dès qu'on lui présente un aimant, est attiré à
une extrémité, tandis que l'autre est repoussé
dans l'extrémité opposée.

194. Pour communiquer à un barreau d'acier la vertu de l'aimant et pour l'augmenter, on a imaginé différents moyens dont le meilleur est celui qu'on appelle *méthode par double contact*. Par exemple, si l'on a un barreau d'acier, on le place horizontalement et l'on applique sur son centre une des extrémités de deux aimants, de manière qu'ils fassent entr'eux un angle de dix ou douze degrés et que les pôles différents se regardent. Ensuite on fait glisser, en frottant, les deux aimants jusqu'aux extrémités du barreau, l'un d'un côté, l'autre de l'autre, d'où on les rapporte au centre, mais en ne touchant plus le barreau, pour les faire glisser de nouveau aux extrémités, et l'on renouvelle la même opération plusieurs fois.

On met aussi les deux aimants horizontalement et bout à bout sur le barreau, de manière que les pôles semblables soient opposés et séparés l'un de l'autre d'environ une demi-ligne. Après les avoir ainsi disposés, on les fait glisser ensemble et lentement sur le barreau, de l'une à l'autre extrémité plusieurs fois de suite. On aimante ensuite l'autre face de la même manière, ce qui donne au barreau une force considérable.

195. On peut aussi, sans aimant, aimanter très-fortement un barreau. Pour cela, on atta-

che avec un cordon de soie une lamme d'acier
sur la queue d'une pelle que l'on tient perpendiculairement, et, avec l'extrémité inférieure des
pincettes que l'on tient par le milieu et à peu
près perpendiculairement, on frotte la lame
du haut en bas. Quand on a répété cette opération environ dix fois, la lame se trouve assez ai-
mantée pour pouvoir porter une petite clef, et
pour que l'une de ses extrémités se tourne vers
le pôle, si l'on pose cette lame horizontalement et sur un pivot sur lequel elle puisse
tourner librement. Après avoir aimanté ainsi
deux lames, on peut en aimanter deux autres
de la manière que nous avons dite dans l'article
précédent, et même un plus grand nombre.
C'est ainsi qu'on s'y prend pour aimanter les ai-
guilles des boussoles.

196. Les aimants artificiels sont préférables
aux naturels; 1° parce qu'ils ont plus de force
et aimantent plus fortement; 2° parce qu'on leur
rend facilement leur vertu, lorsque le temps ou
la rouille ou un accident la leur a fait perdre;
3° parce qu'on leur donne la forme qu'on veut,
ou demi-circulaire ou en fer-à-cheval, de sorte
que l'action simultanée des deux pôles leur fait
porter un plus grand poids; 4° parce qu'on
peut construire des aimants artificiels d'une
très-grande force, en réunissant plusieurs lames

dont les pôles semblables se correspondent. Mais l'expérience a montré que le meilleur acier et le plus propre à être aimanté, c'est l'acier d'Angleterre, puisqu'il porte ordinairement quatorze fois son poids. En général le fer doux devient un bon aimant; il n'en est pas ainsi du fer fondu.

197. Les barres de fer qui sont fixes et stables, s'aimantent naturellement. C'est ce qu'a remarqué le premier Gassendi à l'égard de la barre qui soutenait la croix du clocher de St.-Jean d'Aix en Provence. Les pelles, les pincettes, et tous *les instruments de fer doux*, dont nous nous servons habituellement, s'aimantent d'eux-mêmes; mais les pôles varient continuellement et se renversent, selon la position que nous donnons à ces instruments. Les ouvriers n'ignorent pas que leurs limes, leurs ciseaux, etc., s'aimantent naturellement par l'usage.

Disposez une barre de fer inclinée environ de soixante-douze *degrés à l'horizon*, de manière qu'elle fasse avec le méridien du lieu un angle de vingt-deux degrés, elle s'aimantera fortement, surtout si vous lui imprimez de petites secousses.

On a trouvé le moyen d'augmenter la force de l'aimant en lui adjoignant des lames de fer, lesquelles s'appellent *armures*.

198. Lorsqu'une aiguille est suspendue en

liberté, ses pôles se tournent à peu près vers les pôles de la terre. De-là on devrait appeler *boréal* le pôle qui se tourne vers le sud, et *austral,* celui qui se tourne vers le nord, comme on le fait en Angleterre; c'est le contraire chez nous.

Quelqu'avantageuse que paraisse la *direction* de l'aimant ou de l'aiguille de la boussole, elle est encore imparfaite dans l'usage à cause de sa *déclinaison.* En effet, l'aimant le plus souvent s'écarte du nord et du midi plus ou moins, et se porte un peu vers le levant ou le couchant. Chaque jour même, il se porte, le matin vers le couchant, le soir vers le levant. Mais depuis un siècle et demi on a remarqué qu'à Paris il décline chaque année de dix minutes; car en l'an mil six cent dix, il déclinait de huit degrés vers le levant, et en l'an mil sept cent quatre-vingt-sept, de vingt-un degrés et plus vers le couchant.

199. Lorsque l'aimant est dans l'état de liberté, non-seulement il décline, mais encore il incline. Cette *inclinaison* varie dans les différents pays du globe sans aucune loi connue, si ce n'est qu'elle augmente d'autant plus que la boussole s'éloigne du cercle équinoxial et qu'elle s'approche des pôles, de sorte que l'aiguille est horizontale à peu près sous ce cercle. Cette inclinaison varie aussi selon les saisons et les heures du jour.

De tout ce que nous venons de dire et de ce que nous avons dit plus haut, on peut conclure que le globe agit sur les corps qui sont à sa proximité comme un gros aimant; mais nous ignorons quelle est la cause de cette action, et ce que c'est que le magnétisme même.

200. Coulomb, physicien moderne très-célèbre, ayant placé des barreaux aimantés sur une même ligne droite, de manière que les pôles opposés fussent séparés de quinze millimètres, disposa dans l'espace qui les séparait, successivement plusieurs petits cylindres de différente matière suspendus à des fils de soie très-déliés et semblables à ceux qui sortent du cocon. Il remarqua que ces cylindres, de quelque matière qu'ils fussent composés, prenaient la direction des barreaux, lors même qu'on les dérangeait tout exprès. Cette expérience, quoiqu'elle ne réussisse pas toujours, ferait croire que tous les corps ont un certain pouvoir magnétique, qui dans la plupart est peu sensible, et que le globe lui-même est l'aimant unique.

MÉLANGES.

201. La plupart des plantes se régénèrent, ainsi que les animaux, par l'union des deux sexes. Ce phénomène étonnant et singulier est affirmé

par les naturalistes les plus distingués. Dans les fleurs, par exemple, voici comment cela s'opère. Il faut d'abord distinguer dans les fleurs les *pétales*, qui sont les feuilles de la fleur ; le *calice*, qui en est l'enveloppe ; les *étamines*, qui sont de petits filets placés au milieu des fleurs et surmontés de petits boutons que l'on appelle *sommets ;* les *pistilles*, qui sont aussi d'autres filets un peu plus gros que les étamines, et qui ordinairement occupent le centre de la fleur et sont quelquefois si peu élevés qu'on a peine à les reconnaître. Quelques jours après l'ouverture de la fleur, on peut remarquer que les étamines sont couvertes d'une *poussière qu'on* appelle *séminale*, et qui, lorsqu'elle est en maturité, tombe sur les pistilles, s'y mêle et produit les graines, C'est ce qu'on peut remarquer surtout dans les lis.

202. Le *diamant* est une espèce de pierre précieuse qui surpasse toutes les autres en pureté, en dureté, en poids et en transparence. Ordinairement il *est sans couleur ;* mais on en trouve aussi de différente couleur. Néanmoins il n'y a point de diamant d'un aussi beau rouge que le *rubis*, d'un aussi beau bleu que le *saphir*, d'un aussi beau vert que l'*émeraude*, etc. Les diamants sont si durs qu'ils résistent aux limes et qu'on ne peut les polir que par leur frottement mutuel. Cependant le soleil altère le

diamant, au point que, lorsqu'il est exposé aux rayons de cet astre, il disparaît entièrement, tandis que le rubis ne fait que s'y amollir. Il y a dans le Brésil des mines de diamants, de rubis, de topazes et d'autres pierres précieuses. Mais les meilleures et les plus riches mines de diamants sont dans les royaumes de Golconde, de Visapour, de Bengale, près les rives du Gange, dans l'île de Bornéo.

203. *L'amiante* est une matière fossile composée de filets extrêmement menus et en même temps d'une telle souplesse qu'on peut les filer et en faire de la toile. Lorsque cette toile est sale, on la jette dans le feu, et on l'en retire quelque temps après blanche et nette sans qu'elle ait été endommagée par les flammes. On trouve de l'amiante jaunâtre, grisâtre, blanc, et même vert et rouge.

Il y a dans le Sénégal, province d'Afrique, un arbre que les Français appellent *Calbassier*, et que dans le pays on nomme *boabab*, dont le tronc est ordinairement de soixante-dix-huit pieds de circonférence. Des voyageurs en ont vu de beaucoup plus gros. Dans les dernières histoires de la Chine, il est fait mention d'arbres encore plus prodigieux, dont quelques-uns ont jusqu'à quatre cents pieds de circonférence.

204. On appelle *gravité* ou *gravitation* cette cause inconnue qui dirige vers la terre les corps en état de liberté. Cette gravité existe pour les corps les plus légers comme pour les plus pesants, car il a été prouvé par des expériences qu'une balle de plomb et le duvet le plus fin tombent dans le vide avec la même célérité. Mais il n'en est pas ainsi dans l'atmosphère, parce que l'air résiste plus efficacement aux corps qui sous un même volume ont moins de masse. Cette gravité est aussi différente dans les différens lieux du globe, car elle diminue d'autant plus que les corps s'éloignent du centre de la terre, c'est pourquoi *elle est plus grande sous les pôles* que *sous l'équateur.*

Les corps en tombant librement sont entraînés par un mouvement uniformément accéléré. Par exemple, à Paris, une balle de plomb qui tombe d'un lieu élevé parcourt quinze pieds pendant la première seconde, trois fois quinze pieds pendant la deuxième seconde, cinq fois quinze pieds pendant la troisième seconde, etc., d'où il suit que les espaces parcourus depuis l'origine du mouvement pendant une, deux, trois, etc. secondes, croissent comme les quarrés des temps.

205. Cette gravité s'appelle aussi *attraction terrestre,* parce que les choses se passent comme

si les corps étaient attirés par la terre. En effet,
un fil à plomb s'éloigne un peu de la ligne verticale dans le voisinage des hautes montagnes.
De-là Newton soupçonna et prouva ensuite que
tous les corps ont une force d'attraction, et
qu'elle est en raison directe des masses et en
raison inverse des quarrés des distances; que
c'est la cause qui fait que la lune est suspendue
dans l'immensité de l'air, parce qu'elle est atti-
rée par la terre et repoussée en même temps par
une force de projection du globe qui tourne sur
lui-même avec beaucoup de vitesse, comme l'on
voit que la boue est lancée loin des roues d'un
char emporté avec impétuosité; que par la même
cause les autres astres sont attirés par ceux qui
en sont les plus proches; que la lune attire les
eaux de la mer et occasionne le flux et le reflux.
Bien plus, il a été démontré que par cette force
de projection les corps perdraient leur gravité,
si le mouvement du globe devenait dix-sept fois
plus grand, et même que, s'il le devenait encore
plus, les particules de matière qui composent le
globe se disperseraient toutes dans l'espace et
que le globe de la terre serait entièrement anéanti.

206. On sait que l'eau exposée à une très-
grande évaporation se refroidit au point de se
congeler, et plusieurs expériences le prouvent

(voyez ci-devant les n°˙ 50 et 51) ; il est donc évident que la grêle, qui n'est que de l'eau congelée, se forme en traversant un air très-échauffé et rempli de fluide électrique. Ainsi, que l'on plante solidement dans la campagne que l'on veut préserver, à 450 pieds environ les unes des autres, des perches hautes de 50 pieds ou un peu moins et surmontées de verges aiguës en métal de 5 ou 6 pouces de hauteur ; que l'on mette ces verges en communication avec la terre au moyen d'un petit laiton qui descende tout le long de la perche ; le fluide électrique sera attiré abondamment, et l'air ne sera plus en état de congeler l'eau qui tombe des nuages. Des expériences réitérées en France, en Suisse, en Italie et en Amérique ne laissent plus de doute à cet égard, ce qui a fait donner à ces instruments le nom de *paragrêles*. Quand il se trouve de grands arbres, on peut en profiter et s'épargner ainsi l'élévation d'une perche. Il est à propos de prévenir qu'il serait très-dangereux de toucher à ces appareils pendant les grands orages.

FIN.

IMP. DE M° BOUQUOT, TROYES.